日本のワインで奇跡を起こす

山梨のブドウ「甲州」が世界の頂点をつかむまで

中央葡萄酒
三澤茂計・三澤彩奈 著

堀香織 構成

ダイヤモンド社

赤く実った甲州。1000年の歴史をもつ日本固有種。

藤棚のように天井をはわせる棚栽培が地元で長らく主流だったが、日当たりや風通しがよくワイン造りに最適な垣根栽培を2005年に開始。

凝縮感のあるよいブドウ造りのため水はけと土づくりが工夫された「高畝式」が奏功。南アフリカのコブス・ハンター教授の提唱だった。

世界屈指のワインコンクールデキャンタ・ワールド・ワイン・アワードで最高賞に輝いた「キュヴェ三澤甲州」。

2002年に拓いた三澤農場。日本一長い日照時間を誇り、ひまわり畑で有名な明野町にある。

ブドウの熟度やワインの健全さを判断する醸造家のテイスティング。

長期熟成をめざし2015年に完成した地下カーヴ。「熟成」は醸造家にとって大きなテーマだ。

スパークリングワインの澱を瓶口に集めるルミュアージュは、伝統的な手作業で行われている。

勝沼にある中央葡萄酒の本社入口には通称となった「GRACE WINE」の文字が。

本社地下に眠る茂計の父・一雄が仕込んだワイン。

「大人になったらワイン造りをする」と決めていた茂計の長男（彩奈の弟）・計史は、北海道でワイナリーの代表を務める。こちらも2017年の日本ワインコンクールで金賞受賞。

はじめに

山梨県の勝沼町。ワインがお好きな方なら、一度は聞いたことがある名前だと思います。ここ勝沼で、日本ワイン産業の歴史ははじまりました。

わたしは、１９２３（大正12）年に創立された勝沼（現・甲州市勝沼町）のワイナリー（ワイン醸造所）に生まれ、勝沼で育ちました。当ワイナリーの正式名称は中央葡萄酒株式会社ですが、祖父が名づけた銘柄名「グレイスワイン」が通称となっています。

祖父や父が地元のブドウから造るワイン「甲州」に人生を懸ける姿を見て育ったわたしは、自然とワイン醸造家という仕事に憧れを抱くようになりました。そして今もなお、この小さな町・勝沼で暮らし、山梨をワイン産地にしたいという三代にわたる夢を追いかけています。

甲州とは、「甲州」という品種のブドウから造られた白ワインのこと。「甲州」は、カスピ海と黒海にはさまれたコーカサス地方に発祥した、ワイン専用のブドウ品種の系統をもちます。シルクロードを通って中国大陸を渡り、日本へたどり着いた、ミステリアスなブドウです。

わたしは、「日本のワインなんて」と言われ続けた時代から覚悟を重ねた祖父と父の志を引き継ぎ、五代目として世界に挑戦することになりました。

2014年、数多《あまた》あるワインコンクールのなかでも最難関といわれる「デキャンタ・ワールド・ワイン・アワード」で、「キュヴェ三澤 明野甲州 2013」が日本初の金賞を受賞しました。その報《しら》せを受け取ったとき、甲州が世界の舞台に躍り出ていくような心地がしました。

ニュージーランドのソーヴィニヨン・ブランも、近年、注目を浴びるようになったイギリスのスパークリングワインも、ロンドンのワインコンクールからサクセスストーリーがはじまったと聞いています。

しかし、受賞以上にわたしの心を捉えたのは、4ヘクタールの自社畑から試行錯誤の末に、小房で糖度の高いブドウ「甲州」が結実したことでした。

このブドウからは、今までの甲州とは格段に違う「ワイン用ブドウ」の味わいが感じられたのです。「甲州ってやっぱりすごい」と、震えるほどの感動が込み上げて……そう、あのとき、何かが変わる気がしたのです。

「地獄へようこそ」

ワイン醸造家として家業に入ったときに父からそう言われて以来の切磋琢磨の日々が、確かに報われた瞬間でした。

わたしはワイン醸造家になったとき、技術を究めたいとは思っていましたが、初めから世界をめざしていたわけではありません。ただ技術者として、本物を造りたかった。そして、こういうワインが好きだという、ワインの味わいに対する強い美学のようなものもあり、それを表現しようと邁進していたら、いつの間にか世界に手が届いていました。

そんな頑固なわたしですが、心が折れそうなときに思い出すのは、いつも同じ光景です。

フランスに留学していた当時、父がボルドーまで会いに来てくれたことがありました。遅くまでワインを飲んで、翌朝、学校があるから「じゃあね」

と別れたとき、一度だけ振り返ると、父の背中が丸く小さく見えました。それまで、ワイン醸造家として絶対的だった父の存在。初めて感じた父の老いに戸惑いながら、今ここでわたしがワイン造りをやめたら、父はどれだけ無念だろうと感じました。

わたしにとって、ワイン造りとは、ワイナリーと家族への愛情そのものです。

勝沼という小さな町に住んでいると、周りは昔から知っている人たちばかりです。子どものころ、登下校の道で川に落ちたり荷物を忘れたりすると、〝ご近所さん〟が助けてくれました。わたしに勝沼の歴史を教えてくれたのも、町の人たちです。

困ったときに支え合うのは、地方ならではかもしれません。今でも、収穫や選果（不良果を取り除く作業）に人手が足りないとなると、近所のブドウ農家の女性たちが、「彩奈ちゃんのためなら」と手伝いに来てくれます。助け合って生きる、この町の暮らしがわたしには合っているようです。

ですから、これからも、家族と、ワイナリーの社員と、町の人たちと、世界中の応援してくださる方々と、技術者である自分自身のために、ワインを造り続けたいと思います。

祖父も父も、いったんは大企業で働いた経験をもちます。しかし、祖父も父も、勝沼での暮らしを選びました。わたしたち三代の生き方を思うとき、胸に去来するのは大好きな「スモール・イズ・ビューティフル」という言葉です。父の書斎で、ドイツ生まれでイギリスの経済学者であるF・アーンスト・シューマッハーの書籍にこの言葉をみつけて以来、わたしの価値観とも呼応して、大切にしています。グレイスワインも、「甲州」というブドウ品種も、世界のワイン業界から見れば小さな存在ですが、わたしは誇りに思っています。

本書は、社長を務める父とともに、「甲州」のポテンシャルを信じて、どのようにブドウ栽培、ワイン造りに試行錯誤してきたのか、これまでの軌跡とそのときどきの思いをまとめたものです。前半の第Ⅰ部は父・茂計がこれまでの歴史を振り返ってまとめ、後半の第Ⅱ部はわたし・彩奈が近年の挑戦を中心にご紹介する構成になっています。

この本を手に取った方々が、郷土や家族に想いを馳せ、「スモール・イズ・ビューティフル」――そんなふうに思っていただけたら幸せです。

2018年7月

中央葡萄酒株式会社　取締役　三澤彩奈

もくじ

第3章　貪欲に吸収する　073

第5章

第6章　さらなる高みをめざして

第I部

成長前夜

三澤茂計

第1章　〝二流〟の悔しさを忘れない

情熱と技術を引き継ぐ

「グレイスワイン」命名に込められた想い

ブドウとワインの産地として知られる山梨県勝沼町は、御坂山塊《みさかさんかい》と大菩薩《だいぼさつ》連峰《れんぽう》に囲まれた甲府盆地の東端に位置しています。

新緑のころを過ぎると、ブドウ棚では白く可憐な花が咲き、ほのかな甘い香りを漂わせながら、町全体が緑のヴェールに覆われます。結実後の緑の硬い果粒は、秋になると、みなグレイッシュピンクの実へと変化していきます。

陽光に透けるピンク色の「甲州」は、古くは諸病を治す〝方薬〟として扱われ、江戸時代には将軍家に献上されていたという貴重な果物でした。その後、一般家庭にも食用の果物として普及し、収穫量が下がったとはいえ、今もワイン造りの原料として全国第1位の生産量を誇ります。

グレイッシュピンクに実った甲州

私たち中央葡萄酒は、1923(大正12)年、勝沼町で私の曽祖父にあたる三澤長太郎が創業した「三澤百貨店」から、その孫であり私の父にあたる一雄がワイン醸造事業だけを譲り受けて設立した会社です。

もしかしたら銘柄名の「グレイスワイン」のほうをご存じかもしれません。創立から数えれば私が四代目となります。曾祖父の長太郎は、「長太郎印葡萄酒」を発売しています。父の代から地元のブドウ品種「甲州」のポテンシャルに魅せられ、ワイナリーを営んできました。今では欧州系ブドウ品種も生産・醸造していますが、主力はやはり「甲州」です。

この「甲州」ですが、長い間、ワイン用のブドウには適さないと見られてきました。**低評価に甘んじてきた要因のひとつは、その糖度の低さ**にあります。

ワインのアルコール度数の強さは、ブドウの糖度の高さに比例します。甲州はワイン用のブドウとしては糖度が低く、潜在アルコール度数が上がりにくく、自然アルコールとしては10%に達しません。アルコール度数が低いと、味が薄くて弱々しく、香りも控えめになってしまいます。口に含んだばかりのときは香りが立ち上りにくく、第一印象が曖昧になりがちなので、アルコール度数を高めるため、発酵の段階で糖分を追加する「補糖」の作業が必要とされてきました。このため、甲州は従来、よくいえば「爽やかで飲みやすい」、悪くいえば「薄くて水っぽい」と評されてきたのです。

そもそも**ワインの出来を決めるのは、8割がブドウ、2割が醸造技術**といわれます。

品種のもつ特性もさることながら、高温多湿の日本でブドウを栽培するのは、乾燥して冷涼な気候の欧州に比べて、一般に不利といえます。人工的に雨を避ける工夫や、日本に適した品種改良、栽培技術が進んでいますが、歴史が浅いこともあり試行錯誤を続けてきました。

しかも、昔からブドウ作りが盛んだった山梨県では、ワインの原料となるブドウ作りは農家の仕事であり（一般的に、ワイン用ブドウの優先順位は食用ブドウの次でした）、ワイナリーが農家からブドウを購入してワインを仕込むという〝分業体制〟が長年の生産スタイルでした。この点は、銘醸地として知られるフランスや、国内の長野県などと違う事情を抱えていたのです。

ワイナリーのなかには、甲州のように手間のかかる価格の高い国産ブドウよりも、安価な海外の品種を使ったほうがいいと考える人たちもいて（これは甲州に限った話ではありませんが）、輸入原料で醸造されたワインが一時はあふれていました。

一方、農家にとっても甲州は、我慢して作っているブドウでした。長い歴史を背負っているという誇りはもち合わせているものの、ほかの食用ブドウで十分収益が取れるわけです。病気になりにくく、食用ブドウと収穫時期がずれており、作業も分散できる甲州はいわば〝保険〟として作られていた、と言っても過言ではありません。

つまり、**醸造家と農家の双方が、甲州に対してそれほど高い評価をしていなかった**というのが実情です。そして、いつしか甲州には〝二流〟の烙印が押されてしまったのです。

父も私も、そうした外部の厳しい評価を知ってはいましたが、〝高貴な品種〟としての甲州の可能性を疑ったことはありません。ワインに理想的なブドウ作りをめざして、契約農家の皆さんと一緒に生産に取り組んだり、自社農園でのブドウ生産にも乗り出しました。そして、県外や海外にワインを売り込むために、ほかの生産者とも協力しながら一歩一歩進んできたのです。

日本のワイン市場で、葡萄酒（いわゆるワイン）と甘味果実酒（いわゆる赤玉ポートワインの類）の消費量が入れ替わった1975（昭和50）年、父はそれを契機として、主力製品を甘味果実酒から葡萄酒へ切り替えました。
銘柄名の「グレイス」は、果実酒の当時に父が命名し、受け継いできたものです。**グレイスの由来は、輝き、喜び、開花を象徴するギリシャ神話の三美神**です。新しく誕生したわが子の成長を願う親の気持ちで命名したのでしょう。実際、父は「赤子を扱うように」ワインと向き合うよう、社員にも丁寧な作業を求めていました。

わが社の地下にあるワインセラーには、今でも父の造った1957（昭和32）年のグレイスワインが琥珀色の輝きを保ったまま（でも、おそらく売れ残ったのでしょう）、大切に保管してあります。わが社で現存する最も古いワインです。

当時は、生食用として見栄えが悪く店頭販売に向かないブドウを主体に醸造していました。ワインも一升瓶から茶碗に注いで飲む習慣があった時代ですから、ボルドー型のワインボトルで甲州を販売するのは、非常に稀なことでした。そのメインラベルには父が命名した「GRACE《グレイス》」、裏張りには「フランスワイン」という文字も印刷されており、父が甲州のポテンシャルを信じて、フランス産に負けない〝本物〟のワインを追求し続けていたことがうかがえます。

ギリシャ神話の三美神「グレイス」

父・一雄の代に仕込み、今も琥珀色に
輝くワイン

私が家業である中央葡萄酒に入社して35年、日本ワイン全体の評価が高まってきたのと軌を一にして、ようやくさまざまな努力が形となって結実しつつあります。

詳しくは本書第Ⅱ部の娘・彩奈のパートに譲りますが、2014年6月、世界最大級のワインコンクール「デキャンタ・ワールド・ワイン・アワード（DWWA：Decanter World Wine Awards）」で、白ワイン「キュヴェ三澤 明野甲州 2013」が、日本のワインとしては初めて金賞を受賞しました。DWWAは、世界90カ国以上で発行されているイギリスのワイン誌『デキャンタ』が主催する、最も金賞を取ることが難しい世界的アワードのひとつ。ワインのプロフェッショナルによって厳正に審査されており、その信頼度の高さでも知られます。

このとき金賞を得たのは、世界各国から出品された1万5007銘柄中、158銘柄。全体のわずか1%です。また、アジア地域の最高賞「リージョナル・トロフィー」も同時に獲得しました。それ以降も高い評価を続けていただいており、コンクールはあくまで結果でしかありませんが、国内外で「甲州」の知名度が確実に高まっているのを感じます。

権威あるワイン専門誌『デキャンタ』（2018年6月号）

ちなみに、ブドウの甲州と、その甲州で醸造したワインを区別するため、前者を「甲州」、後者を「甲州ワイン」と呼ぶことがありますが、私はそれをよしとしません。白ワイン用ブドウ品種のシャルドネで仕込んだワインを「シャルドネワイン」と呼ばず「シャルドネ」と呼ぶように、**甲州によるワインも世界標準にならって「甲州」と呼ばれるようになりたい。**「甲州ワイン」というと、山梨産のワインのことだと、これまた違った勘違いをされることもあるくらいです。ですから本書でも、「甲州」がブドウを指すのかワインを指すのかわかりづらい箇所があるかもしれませんが、「甲州」で統一しています。

外部の視点で現状を見る

社内用語ひとつから慣習を改める

前述のとおり、〝よろず商い〟の三澤百貨店からワイン醸造を専業としたのは、私の父・一雄の代からです。

父はもともと日本興業銀行（現みずほフィナンシャルグループ）に勤めていました。当時在勤していた神戸支店の支店長は〝財界の鞍馬天狗〟との異名をもつ中山素平《そへい》さんで、テニスなどを教わりハイカラな生活を過ごしたと聞いています。このときに、都会の上流とはどういうものか知ったことが、父にとっては大きな財産となったのではないでしょうか。

しかし、胸を患ったのを機に銀行を辞めて帰郷。父の弟が三澤百貨店を引き継いでいたので、父はワイン事業だけを切り離して、近隣2つの共同醸造所と統合し、1953（昭和28）年に中央葡萄酒株式会社を設立しました。

父は、生産と販売の両面で大きくテコ入れしたようで、それが生産量の増加に表れています。まず3年後の1956（昭和31）年度の製造量は157キロリットル、県内101社中、7位につけました。就任から10年目の1963（昭和38）年には、181キロリットルで県内4位。このころには毎日のように、満載の2トントラックで午前と午後の2回出荷がありました。

また1959（昭和34）年には、都心にも販売拠点を作ろうと新宿区の新大久保駅前に東京店を開設しています。ワインとリキュールの販売免許をもって直販するとともに、主に飲食店へ納品していました。当時は、上野公園内にある西洋料理の老舗・上野精養軒、吉野家、洋菓子チェーンのジローや銀座コージーコーナー、パリの朝市、スコットなど、50店舗ほどの顧客がいたそうです。

評判もよく、1955（昭和30）年から第8回まで続いた「山梨県果実酒品評会」では、白、赤とも優等や特選受賞の常連となっていました。知事賞、国税局長賞、山梨日日新聞社賞もいただきました。

父は、原料となるブドウへの姿勢も厳格で、購入価格の基準である糖度を測る際、生産者に都合のよいサンプルブドウで測ってほしいと要求されても、最後まで厳正な計測方針を譲りませんでした。

「もっと反収《たんしゅう》（一反当たりの収穫量）を減らして、ブドウの糖度が高まるようにしてください。いいワインになるブドウを作ることが、長い目で見て産地の信頼を高め、ブドウを買い続けることにつながります。それが、農家にも本当の利益になるのです」

そう言って、**「量」ではなく「質」の栽培への転換**を、温厚な口調ながらも妥協の余地なく伝えていました。

一方で、質の高いブドウについては「この地域のブドウを買い続けなくてはいけない」と口を酸っぱくして言い続けており、私自身も非常に影響を受けました。

また、自宅母屋はそのままに、ひたすら酒質向上のために工場建物と設備の増強に力を注いでいました。継ぎ足しや移築、それをつなぐような新築部分に分かれ、外見は二の次でしたが、身の丈に合わせて精一杯の設備投資を重ねていたのです。

1980（昭和55）年には、鉄筋コンクリートの貯蔵庫を新設しました。地下1階、地上2階で、延べ床面積は450坪、効果的に温度管理ができるように断熱壁にして、地下庫と地上1階部は温度と湿度が管理できるように空調を設置しました。

これはワインを熟成させるためのもので、山梨県でも当時、1917（大正6）年に創業したワイナリー・サドヤが地下貯蔵庫を保有している程度と珍しいものでした。大手にはあったでしょうが、この規模で地下にある貯蔵庫は少なかったと思います。父が造ったのは半地下形式ではありましたが、自社の敷地内に熟成庫を設置したのは並々ならぬ情熱があった証でしょう。

父は元銀行マンらしく、社員に対しても非常に厳しく接していました。技術情報にも目を凝らし、社員にも組合などの技術研修を熱心にすすめ丁寧に報告させます。酒質については特に神経を集中させ、瓶詰め前のワインはす

継ぎはぎで拡大した旧工場

べて自分でテイスティングをしていました。

こうして小さなワイナリーは、販売力の強化と品質を高めるための技術投資を重ね、私が家業を継ぐまでの36年の間に、その礎を築いたのです。

私自身の話も少し加えると、1973（昭和48）年に東京工業大学を卒業し、三菱商事へ入社しました。約10年間勤めた経験は、世界に目を開かせました。1982（昭和57）年に退社し、家業である中央葡萄酒に入社します。1989（平成元）年3月、代表取締役に就任。翌1990（平成2）年には、「周五郎のヴァン」ブランド以外の甘味果実酒の製造中止を決め、世界と勝負できる品質追求をめざすことに決めました。

幼少期に家業のワイン造りがどのように映っていたかといえば、ワイナリーの周辺にはむしろ食用のブドウ畑のほうが多く、付近にある有志の農家が生産するブドウからワインを造るという、極めて規模の小さなものでした。だから、**ワイナリーというよりは〝農村〟共同体という印象**が強く、この共同体への思い入れは後年ももち続けることになりました。

私の場合は、みずからこの世界に飛び込んできた娘と違って、若いころに家業を継ぐという明確な意識はありませんでした。ただ「農村」という組織に対する興味やイメージは頭のなかにこびりついていて、周囲の農家が経済的に厳しい状況にあるのを見て、自分なりにやれることがないだろうかという気持ちは強くもっていました。

大学では、白いワイシャツに使われる蛍光増白剤の原料を研究していました。卒業後の進路としては、東武電鉄の根津嘉一郎氏や阪急電鉄の小林一三《いちぞう》氏など、かつて「甲州財閥」と呼ばれていた偉人たちに憧れがあり、外に目を向けるという意味で商社に興味をもち、運よく入社できました。

商社での最初の5年間は東京勤務で、FPRというガラス繊維で強化されるプラスチックの営業を、残りの5年間は名古屋勤務で、航空機産業や自動車産業まで範囲を広げてプラスチック素材を取り扱っていました。海外に赴任した経歴はありません。

家業を継ぐ決心をしたのは、「親のため」というと大袈裟《おおげさ》かもしれませんが、父親が高齢にもかかわらず、会社を引退できずにいたためです。父自身は、私に戻ってほしいとは一度も言いませんでした。現在のようにワインが大量に飲まれる時代でもなく、今後のビジネスにはさらなる苦労があることが目に見えていたからでしょう。

しかし、山梨という地に馴染《なじ》んでいた私は、「農村」を現場で学びたいという想いも募り、10年をひとつの区切りと捉えて、躊躇《ちゅうちょ》なく勝沼へと戻ってきました。息子が戻ってくるんだ、と父が嬉しそうに周囲に話していたというのは、後になって人づてに聞きました。私には妹と弟がいますが、父はもし家業を継いでもらうなら長男のみと決めていたようです。それは「家業をきょうだい全員で継ぐのは後のトラブルのもと」と考えていたからで、妹は山梨県内で病院を経営し、弟は都内で建築家として独立した仕事をしています。

中央葡萄酒に入社した当初は、営業部長という肩書きでしたが、自社のワインを知るために醸造現場の作業に従事しました。

勝沼で生産されている原料ブドウの確保と、父の指導のもとでのワインの品質チェックが主な仕事です。醸造も見よう見まねで手伝い、瓶詰めも行いました。また営業用の地図を作っての新規販路の開拓や、貯蔵ワインの管理、OA化を導入した事務改善も進めました。

その過程で、社内の組織改編にも着手しました。部門を定めて役職を明確にし、ライン化したのです。父は温厚な性格で、私の娘（父にとっては孫）に漢詩の手ほどきをするような文化的側面をもち合わせていました。一方、社員に対しては昔気質《かたぎ》の厳格な姿勢で、良きにつけ悪しきにつけ、使用人に対するように仕事を課していました。

社員とは仲間でありたい――そう思う私のなかで、父への尊敬と同時に、この昔ながらの態度への違和感は広がっていきました。会社は、社員全員のものである。そうした意味合いから、この組織改編と同時に、従業員を「社員」と表現するよう切り替えました。

こうした点も含めて、大手商社に10年勤めたことは、家業のあり方を考えるうえで非常に役立ったと思います。大企業のもつ技術力と経営の合理性、海外市場への目線の高さを知って、中小企業の優位性と弱点を冷静に見定めることができたからです。商社勤務時代に掲げられていた、三菱財閥第四代総帥の岩崎小彌太《こやた》が記した三綱領「所期奉公」「処事光明」「立業貿易」は今も私の心にあります。そのひとつである「立業貿易」は、まさにグローバルな視点に立つものであり、かつて憧れにすぎなかった外国が、そのおかげで一気に身近になったのでした。

「心中」を覚悟する

為替変動、消費者の嗜好変化に挑む

「甲州と心中してください」

輸入ものに価格では到底勝てない。だったら品質で勝負するしかない。それには産地全体で取り組む必要がある――。私はその一心で、国道沿いにある農協売店の食堂に集まった若手醸造家の仲間たちに、必死でそう語りかけていました。

それは1987（昭和62）年2月のこと、甲州のさらなる品質向上をめざすため、山梨県甲州市勝沼町内にある12ワイナリーの若手醸造家たちで一念発起して結成した「勝沼ワイナリークラブ（現・勝沼ワイナリーズクラブ、以下ＫＷＣ）」の席上でした。初代事務局長として、初会合の席で思わず口をついて出た言葉です。

そもそも私たちをＫＷＣ結成に駆り立てたのは、危機感と焦燥でした。

直接のきっかけは、1985（昭和60）年9月22日に先進5カ国で交わされた「プラザ合意」です。先進国が協調的なドル安を図ることで合意。アメ

リカの対日貿易赤字が膨らんでおり、実質的に円高ドル安に誘導することになりました。

結果、発表翌日にあたる9月23日の1日24時間だけで、ドル円レートが1ドル＝235円から約20円下落しました。1年後には1ドル＝150円代で取引されるようになってしまったのです。ワインは国境を越えて取引されるため、円高が一気に進むと、雪崩《なだれ》を打ったように輸入ワインが日本市場を席巻することが予想されました。

そこで産地全体で輸入品攻勢に対抗しようと、KWCで独自の厳しい基準を定め、さらに官能検査（人間の感覚によって製品の品質を判定する検査）に合格したワインのみ、特注した「勝沼ボトル」に詰めて差別化を図ることにしたのです。

このころ、日本人のワインに対する嗜好《しこう》が変わってきたことも、私たち醸造家に変化を促していました。

70年代はドイツワインブームとの相乗効果もあって、甘口ワインが好まれ、甲州もフレッシュ&フルーティな甘口ワインが売れていました。わが社も例外でなく、ポートワインとも呼ばれていた甘味果実酒が利益商品でした。

しかし、80年代に入るとバブル時代に突入します。プラザ合意の影響もあって、ボジョレ・ヌーボーなどの外国産ワインが大量に輸入され、もてはやされるようになりました。ヌーボーは別としても、**外国産のワインに感化された消費者は次第に辛口好みに傾斜**し、勝沼の醸造家たちも、辛口で良質の甲州を造る必要に迫られていたのです。

勝沼には、ＫＷＣよりずっと以前の１９７３（昭和48）年に結成された団体として、勝沼町役場（現・甲州市役所）が事務局を務める「勝沼ワイン振興会（現・勝沼ワイン協会）」があります。町内28社の勝沼にあるワイナリーが会員として名を連ね、私の父・一雄がその初代会長を務めていました。

勝沼にとってワインやブドウはいちばんの産業なので、それを十分盛り上げる施策を立てることは役場のひとつの使命です。しかし、勝沼ワイン振興会の実態は「行政主導の企画にワイン業界が後押しされる」という、ワイナリーにとっていわば受動的なスタンスの団体でした。

そんななか、ＫＷＣは、勝沼の甲州を守るために若手醸造家たちが自主的に行動する団体としてスタートしたわけです。

役場からは「勝沼ワイン振興会の下部組織として活動できないか」という

強力な指導もあったのですが、行政主導のワイン振興を実施する勝沼ワイン振興会と、勝沼産甲州を守る目的をもつKWCでは、方針や活動内容が異なるので、振興会への組み入れはお断りしました。ワインの企画に奔走していた役場の職員に感謝こそすれ、甲州の先行きが不透明であったとしても「甲州と心中してほしい」などと行政のもとでは到底いえませんでした。

負の連鎖に歯を食いしばる

生産量の急激な減少

ワインの味を決める8割がブドウの出来である以上、甲州と産地・勝沼を守ることが、私たちの使命でした。

とはいえ、かつては地元の醸造家の間でも、「甲州はオリジナリティがあるので、このままでよい」と信じる人と、「甲州は甘口から脱せられず、一流の品種とはいえない」と考える人の二手に分かれていました。私自身は甲州のポテンシャルを強く信じていましたが、むしろ市場の大半は後者の評価に傾いていました。

つまり、**醸造家と農家の双方が、甲州に対してそれほど高い評価をしていなかった**というのが実情です。

そんな状況に追い打ちをかける出来事が起こります。1975（昭和50）年に発足した、農家とワイン業界との間のブドウの取引価格を安定させる組織「山梨県原料ぶどう需給安定協議会」が、1993（平成5）年に解散したのです。

実は、この解散はワイナリーの思惑が強く絡んだものでした。当時はまだ国産ワインの地位が高くなく、輸入原料を世界から広く求めたほうが価格的に有利なものが選べるので、供給地をなるべく広く確保しておきたかったからです。

協議会が解散したことによって、打撃を受けたのは農家でした。甲州の買取価格は暴落しました。ピーク時は醸造用で1キロ250円以上の値をつけた甲州が、一気に半値にまで落ち込んだのです。今では考えられないでしょうが、ひどいときにはブローカーが暗躍し、五分の一の価格で買い叩かれました。当然、農家はその値段では作れません。

このままでは、甲州を栽培する農家がいなくなる――。

KWCのメンバーは地元の勝沼農業協同組合と勝沼町役場に対し、「前の年と同じ値段で買うから、農家が生産意欲をなくさないようにしてほしい」

と値上げ交渉を試みました。「すでに値段が決定しているから」と押し戻されましたが、農協の組合長が私たちの思いをくんで、中小各メーカーを訪問してくれました。その結果、その年は安定価格での取引に成功したのです。

しかし、私の心には不安が広がっていました。それで、当時の町長に「これは一瞬の歯止めでしかない。今後は我々ワイン業界と農家を含めて、行政と政策を練りましょう」と提案しました。

甲州（ワイン）は売れないから、ワイナリーが造らない。ワイナリーが造らないということは、農家が原料の甲州（ブドウ）を作っても引き取り手がない。だからもう栽培しない――。

危惧したとおり、そうした負の連鎖が、その後の勝沼を襲いました。

しかも古くは生食用であった甲州は、当時も醸造・生食兼用品種でしたが、生食用としても、巨峰や甲斐路といった見栄えや食味のよい大粒品種に人気を奪われていました。いき場を失ったブドウは畑に穴を掘って埋められたり、無残にも川に流されたりしました。川に流されたブドウは自然発酵を起こし、川辺にワインの香りが漂うという悲惨な光景も見られました。

実際、甲州の収穫量は、1991年の1万5700トンをピークに下がり続け、2005年には半分以下の6970トンにまで落ち込んでいます。

農家は栽培を諦める決断をして、ブドウ樹を伐採します。一度伐採されると、後に状況が変わっても、新植から収穫できるようになるまで数年はかかります。甲州の収穫量は4000トンにまで落ち込んでしまいました。

私自身の想いだけでなく、わが社は父の代から甲州のポテンシャルに懸けてきました。今さら投げ出すわけにはいきません。しかしこのような八方塞がりの状況には、さすがに暗澹たる気持ちになったのでした。

厳しい指摘から目をそらさない

恩人からの「厳しさがない」という檄文

大先達であり私が強い信頼を寄せてきた、酒造技術コンサルタントの故・麻井宇介《うすけ》さん（メルシャンの醸造責任者をされていた浅井昭吾さんですが、本書では著作も多いワインの醸造技術コンサルタントとしてのペン・ネーム「麻井宇介」さんのお名前で統一します）とは、同業で数少ない大学の同窓生であり、ワイン造りでさまざまな指導を受け、叱咤激励されながらも、楽しいひと時をご一緒させていただきました。

その麻井さんからはさまざまな薫陶を受けましたが、頭をガツンと殴られたような衝撃を受けたのは、ともにリレーエッセイを書いていた新聞コラムに麻井さんが寄せた「日本のワイン造りには、厳しさが昔も今もない」という言葉です。

新興国の日本

ワインは地中海周辺の土着文化である。それがヨーロッパ各国に広まり、十六世紀以降、新大陸に産地が拡散した。その後発のワインが、先進諸国の銘醸品との距離を一気に縮めたのは、二十世紀最後の三十年間の出来事である。

追い上げる後続集団の先頭を走ったのは、アメリカのカリフォルニアだった。その後に二つのグループが続いた。

一つはチリ、アルゼンチン。どちらもラテン系民族を主体とする国家である。もう一つは、オーストラリア、ニュージーランド、南アフリカ。国家の成立にアングロ・サクソンやゲルマンが主導権を握っていた。

ワインに即していえば、チリ、アルゼンチンなどはワイン文化の内側に、オーストラリアなどは外側に位置づけられる国々である。

これら後発の新大陸のワインが急激に声価を高めたのは、ブドウ栽培とワイン醸造技術の進歩、そしてその普遍化が大きく貢献している。とりわけ、チリ、アルゼンチンのブドウは、その力をたちまち開花させた。

翻って日本はどうか。ワイン文化の外側にある国として、オーストラリア、ニュージーランド、南アフリカと同じグループに位置づけられる。だが、彼らの躍進ぶりに対して、日本の造り手には「これらの国々と日本は別だ」という意識が強いのではあるまいか。

なぜか。日本の造り手は長い間、国産ワインと輸入ワインという仕分けの中で仕事をしてきた。そして、「自分たちは風土的ハンディキャップを背負っているのだ」という被害者的コンプレックスが染みついてしまったのである。

（中略）

ワイン新興国で、テーブルワインの消費量が甘口ワインを逆転するのは一九七〇年代。状況は日本とまったく同じであった。

そして、今や彼らの中から世界的に見て一流の銘醸ワイナリーが輩出している。日本とのこの差は一体どこから生じたのだろうか。

答えは簡単である。**彼らは生産量のほぼ半分を海外で売り切らねばな**

らない。それはロンドン市場で勝つことである。日本のワイン造りには、その厳しさが、昔も今もない。

（2000年10月5日、朝日新聞山梨版）

麻井さんは、日本に銘醸地の生まれない理由を喝破していました。

それまでは自社のワインがパリの一流レストランに入れば、高い志につながるのではないか、と安易に考えているところもありました。

ところが麻井さんは「ロンドンで勝負せよ」と言う。これは誠に本道であり、以後、課題としてずっと胸に重くのしかかり続けました。

打ち上げ花火で満足しない

仏海軍に納めるも「鯉の滝登り」とはいえない

わが社での初めての海外輸出は、父・一雄の手によるものでした。ひとつはフランス海軍、ひとつはカナダへの輸出です。

1961（昭和36）年、樽詰めのグレイスワイン3樽を勝沼から車で運び、晴海埠頭に停泊していたフランスの深海潜水艇母艦マルセル・ルビアン号に納品しました。フランス大使館への未納税取引として、輸出と同じ税務手続きでしたので、中央葡萄酒にとっては初めての輸出取引です。

フランス海軍の船は船員の飲用にワインを積んで出航するのですが、道中ですべてなくなってしまいます。そこで、ワイン生産国の寄港先で寄った際に買い足していたようです。父が納めたワインは、マスカット・ベーリーAの赤ワインでした。彼らの味覚に合ったかどうかはわかりませんが、まあ、何もないよりはマシだったでしょう。

私自身も、釧路港に停泊しているマルセル・ルビアン号に出向いた記憶があります。

フランス海軍所属の深海探査艇アルキメデス号が日本の千島海溝を調査していたときです。私は当時、小学6年生。夏休みの北海道旅行中に近くまで訪れた折に、停泊中のフランス海軍から招待されてアルキメデス号の母艦に乗せてもらいました。生意気にもサイン帳に自分の名前を初めて英語で記入したことを、今でも覚えています。

カナダには、1980（昭和55）年、勝沼ワイン協会による甲州のPR事業として、ワイン約1万本を輸出したことがあります。これには蒼龍《そうりゅう》社とわが社の2社が協力しました。

父によれば、フランス海軍へ輸出したときは妥当な価格での取引だったため抵抗がなかったのですが、町の施策に従ったカナダへの輸出は、心底から納得したものではありませんでした。低価格での取引を強いられたためのようです。しかし、その価格帯でないと実際に輸出できない、というジレンマのなかで、父は「こんなのは鯉《こい》の滝登りではない」と憤慨していました。つまり、実質的な輸出とはいえない、というわけです。

確かに**黒船効果というか、売名行為としては成り立つ**のですが、それは町の売名行為であって、中央葡萄酒が矢面に立つ必要はない。父にとっては苦い経験だったかもしれません。

悔しさを原動力に変える

海外で評価を得るきっかけとなった「女王」のひと言

家業を継いで間もないころは、私自身も世界のワイン産地を回っていました。自社の甲州を持参し、先々でテイスティングをしてもらったのです。

しかし、「日本にワインがあったのか」「これはプラムワイン（梅酒）？　それともライスワイン（日本酒）？」というコメントをもらうのが精一杯。

本当に悔しかったのを、今も思い出します。

サントリーが貴腐ワイン[*]の生産に成功したのは、1975（昭和50）年です。貴腐ワインといえば、**フランスのソーテルヌ、ドイツのトロッケンベーレンアウスレーゼ、ハンガリーのトカイが世界三大貴腐ワイン**といわれていますが、まずは大手企業が海外の情報を取り入れ、誰が飲んでもおいしいと感じるワインを造りはじめました。いわば世界を視野に入れ、「国際的にも認められるワインを造るんだ」という気概が、ようやく日本のワイナリーに現れるようになったのです。

私はそれらを飲んで、自分も欧州系のブドウを作り、これらに負けないレベルのワインを造りたいと思いました。

ただ、主たる原料としていた甲州は病気に強いため、貴腐ブドウに仕上げるのは到底不可能でした。このため貴腐ワインに魅力を感じつつも、新たに欧州系のブドウ作りに乗り出し、中央葡萄酒の顔となるべき品質の高いワインに挑戦することにしたのです。

社長就任翌年の1990（平成2）年、カベルネ・ソーヴィニヨン、メル

＊貴腐ワインとは？
完熟したブドウに貴腐菌がつき果汁中の水分が蒸発して糖度が凝縮された状態からしか仕込めないワイン。未熟なブドウに同菌が付着しても灰色カビ病として腐敗してしまう。

ロ、甲斐ノワールなど、欧州系ブドウの自社栽培をはじめました。

また同年、菱山《ひしやま》地区の2軒の農家とシャルドネの契約栽培もスタート。自社栽培のほうはワイン生産としては成果を得られませんでしたが、シャルドネは勝沼の標高（450メートル）の西側斜面、礫《れき》混じりの土壌という立地の良さを発揮し、1995（平成7）年ごろから高い評価を受けはじめます。

なかでも、先にご紹介した麻井宇介さんが雑誌『dancyu』誌上で、この菱山シャルドネからできた「キュヴェ シュペリウル 1996」を、「日本で最も成功したシャルドネ」と紹介してくださったことに、非常に勇気づけられました。いよいよ「世界銘醸に肩を並べる国産ワイン」に届くレベルに近づいてきたという実感が湧きました。

その麻井さんが「ぜひ出品するように」とすすめてくれたコンクールがありました。赤ワインがもてはやされる第6次ワインブームが起きた1998（平成10）年に日本で初めて開催された「インターナショナル・ジャパン・ワイン・チャレンジ（現・ジャパン・ワイン・チャレンジ）」です。

これは、イギリスの雑誌『WINE』の創刊者として知られるワインジャーナリストのロバート・ジョセフ氏がチェアマンを務める、1984（昭和

59）年に創設の世界最大かつ最も影響力のあるワイン大会のひとつ「インターナショナル・ワイン・チャレンジ」の日本版です。そこで、わが社の「グレイス樽甲州　1997」が、国際部門銀賞および日本ワイン白部門最優秀賞を受賞したのです（ちなみにメルシャンが国際部門銀賞および日本ワイン赤部門最優秀賞を受賞）。

当時は前述のシャルドネのほうが国内では評価が高かったので、甲州がシャルドネより高い評価を受けたことは、驚きでした。日本固有のブドウによるワイン造りに光が見えた瞬間です。

この余波は、ワイン誌上に絶大な影響力のあるロンドンにも届きます。

2000年5月、「ワイン界の女王」の異名をもつ、イギリス人ワインジャーナリストのジャンシス・ロビンソンMW*が、英紙『フィナンシャル・タイムズ』に「私がこれまでに飲んだなかで、いちばん良かった日本のワインは、甲州で造られた『グレイス甲州1999』だ」と寄稿してくれました。このことがあって、世界で300万部以上発行されているワインのバイブル『ワールドアトラス・オブ・ワイン　第五版』に日本を代表する白ワインとして「グレイス甲州」が紹介されました。

*MWとは？
マスター・オブ・ワインの略称。世界に約350人しかもっていないワイン資格の最高峰。

ありがたいことに、この記事は日本の国産ワイン市場への大きな波及効果がありました。明らかに風向きが大きく変わりはじめ、フランスワインしか念頭になかった**日本のソムリエのなかでも、徐々に日本のワインが広がりはじめた**のです。

２００２年には、業界紙『酒販ニュース』に鮮烈な記事が掲載されました。在日オーストラリア大使館商務官としての滞在経験をもち、帰国後ワインジャーナリストとして活動しているデニス・ギャスティン氏の、「甲州ワインには輸出の可能性さえある」という寄稿文です。パリやニューヨークでの和食ブームの広がりと、和食との相乗性をもっている甲州の可能性についての示唆でした。

実際、翌年からはわが社に対して、フランス、スイス、マレーシアからの注文が相次ぎ、輸出をスタートしています。

輸入一辺倒だった日本のワイン市場が、以前は想像もできなかった展開を見せはじめました。

弱みを強みに転換する

和食とのクールなマリアージュを演出

甲州は、ヨーロッパのワインに比べて酸の割合が低めです。これが、甲州が「水っぽいワイン」と評されてきた原因のひとつでもあり、ブドウの厚い皮から抽出される渋味・苦味とともに、香りも少なく、ワインとしての評価を下げていた原因でした。〝日本ワインの応援団長〟であり、「日本ワインを愛する会」会長の山本博先生が、当時の甲州の欠点を「四重苦のワイン」と称されていたのも今ではうなずけます。

しかし、その〝**有機酸の少なさ**〟**が、和食に合う理由**でもあるのです。甲州は、和の食材や、味噌・醤油・米酢などの調味料、生魚などとぶつかり合うことがありません。私の場合は、甲州と耳にしただけで、必然、鮨を食べたくなります。『美味しんぼ』作者の雁屋《かりや》哲氏は、甲州と和食との相性にいち早く気づき、『美味しんぼ』第80巻で甲州を紹介しています。

甲州の需要拡大策のひとつとして勝沼町と近隣の2市町が協力し、2001年ごろに「21世紀甲州ぶどう産地活性化対策協議会」が設立されたのですが、その催し物の目玉が「和食に合う甲州ワイン」のパネル・ディスカッションでした。

講師となったソムリエたちは和食というテーマでは食の範疇が広がりすぎた結果を受けて、甲州にピッタリ合う料理は何かと悩んだあげく、まずは鮨だと思い至りました。そのまま、知り合いの鮨店に飛び込み、甲州にそれ以外のワイン・日本酒・焼酎を加え、鮨ネタも青魚にはじまりイクラの軍艦巻まで広げて、すさまじい相性比べをする展開になりました。とりわけ塩とレモンをかけた白身魚との相性は抜群でしたが、魚卵や海苔までも、思ったとおり甲州は非常によく合いました。

翌年には、藤原正雄先生による鮨に合う甲州の実食を伴う大規模なセミナーにまで発展しました。その直後、日本ソムリエ協会も各地で鮨と合うワインのセミナーを各地で開催しましたが、この事業を参考にされたと思われます。

2003(平成15)年3月には、先の山本先生が『日本のワイン』(早川書房)を出版。それまでもさまざまな切り口から日本ワインを紹介する本は多数ありましたが、ここに来てやっと国内のワイナリーを広く実踏調査した〝日本ワインの鳥瞰図〟ともいうべき本が生まれたのです。また、世界でも貴重な書物を含むワイン関係の蔵書約2000冊が散逸するのをよしとせず、現在、三澤ライブラリーでお預かりしています。近年、山本先生は日本ワインの質的向上を実感されており、日本ワインの格付けもそろそろ必要であると感じているようです。

さて、鮨のみならず、ともに繊細な味わいが特徴の和食と甲州は、早くから相性の良さが指摘されていました。『ミシュランガイド東京』(日本ミシュランタイヤ)を開くと、星付きレストランの半数以上は和食です。近年の和食ブームは世界的規模になっており、和食に合う甲州で世界に打って出る絶好の機会が訪れているといえるでしょう。すでに和食は、フランス料理にさえも影響を与えておりました。

特に、2013年12月の和食の無形文化遺産登録は実に意義深いです。文化の多様性のなかに見出した価値を継承するフランス料理の登録の考え方と同様である以上に、季節感の魅力をもち合わせているのが和食。これまでの日本食は、特に海外では漠然としたイメージでしたが、和食の無形文化遺産登録は、しっかりとした概念をもたらしました。

『旧約聖書』の創世記によると、**初めてワインを造ったのはノア**です。

ノアの方舟はトルコとアルメニアの間にあるアララト山にとどまったと言

三澤ライブラリーの蔵書

われています。甲州の源流はカスピ海沿岸とか黒海沿岸といわれるのは、トランスコーカサスがブドウ最古の栽培地のひとつだからでしょう。トランスコーカサスはアゼルバイジャン、アルメニア、ジョージア（旧グルジア）からなりますが、アゼルバイジャンの首都バクーで開催されたユネスコ会議で和食が無形文化遺産登録になったのも、縁を感じるところです。

後述しますが、2009年7月にKOJ（Koshu of Japan）が結成され、2014年のロンドンプロモーションでは、満を持して二人の公邸料理人を抱える在英日本大使館大使公邸でのランチミーティングを開催しました。林景一前大使は、横内正明《しょうめい》前山梨県知事、田辺篤甲州市長を含めて14名のジャーナリストを招待し、会席料理とKOJメンバー全員の甲州のマリアージュ（料理とワインの組み合わせ）でもてなしました。これまでのランチミーティングでは慌ただしかったジャーナリストたちも、そのときばかりは誰ひとり帰る素振りを見せず、ジャンシス・ロビンソンMWが「Koshu has really arrived.（甲州がついに上陸した）」と口火を切って、ようやく閉会となった次第です。

KOJで2014年にロンドンを訪れた際、在英日本大使公邸にて

私自身は、**ハレの和食に合うハレの甲州を造り続けたい**。フラッグシップとなるワイン造りにこだわりたい。そういう意味では、骨格をもち、甘味を完全に切ったワインが望ましいのではないかと考えています。

Column

140年続いてきた日本のワイン造り

日本初のワインが造られたのは、今から約140年以上前、1874（明治7）年のことです。原料のメインは甲州だったため、日本初のワインは甲州でもあったといえます。

醸造を手がけたのは、甲府広庭町（現・甲府市武田）の山田宥教《ひろのり》と、甲府八日町（現・甲府市中央）の詫間《たくま》憲久《のりひさ》の二人です。

原料は甲州、野生のヤマブドウ、エビヅルなどとされていますが、醸造場の規模や施設についての資料はなく、またどういう経過を経てワイン醸造の技術を身につけたかも定かではありません。ただ、山田は真言密教の大翁院で僧職にあり、青年時代に横浜で外国人がワインやビールを飲む姿を目にしてワイン造りを試みようと思いたったこと、檀家で商人だった詫間に協力を仰いで共同事業をはじめたことは確かです。

二人は武田信玄公を祀る武田神社脇の大翁院境内にあった土蔵を改装して「ぶどう酒共同醸造所」を設立し、そこに大豆を搾る味噌造り用の圧搾機からヒントを得た、大型の木製手作り式圧搾機を持ち込みました。悲しいかな、まだブドウの果皮にある酵母の存在を認識していなかったため、日本酒を応用して麦麹で醗酵させています。貯蔵用には清酒の大樽を代用。今でも一升瓶ワインや日本特有の720㎖ボトル（いわゆる四合瓶）が多く出回っているのは、このスタート時の影響と考えられるでしょう。

二人の共同醸造所でワインの仕込みが本格的にはじまったのは、1872（明治5）年10月初旬とされ、翌年3月には、横浜外人居留地で空きびんを買い集めて富士川の船便で甲府まで運び込み、国産第1号のワインやブランデーを生産しました。

府県ごとの産業品目別生産高を集計した1974（昭和49）年の『府県別物産表』によると、その年山梨県で「白ぶどう酒4石8斗（約860ℓ）、赤ぶどう酒10石（約1800ℓ）」を生産したという記録があるので、これが二人の手による日本初のワインの生産量ではないかと目されています。

しかし、全財産をかけてのワイン生産も、製造技術の未熟さ、原料ブドウの糖度不足、防腐剤の不備、資金難などさまざまな理由が重なり、残念ながら1876（明治9）年12月に倒産してしまいます。

ときを同じくする明治初期、新政府の直接的収入はいまだ年貢が主体でした。

しかし、当時日本は米不足だったので、米からの酒造りを節減したいという意向が強くありました。そこで政府が着目したのが、西洋から移入される果樹農業のなかのひとつ、ブドウです。「ワイン生産によって酒造用の米が節減できる」と彼らは考えたのです。

一方で、維新後の殖産政策にブドウ栽培とワイン生産を積極的に取り入れようという高官の存在もありました。

ひとりは北海道の開拓次官・黒田清隆。彼はアメリカ政府のホーレス・ケプロン農務長官にすすめられて、ブドウの新品種導入とワイン醸造を一大産業に育てようと考えました。

もうひとりは内務卿・大久保利通。1871（明治4）年〜73（明治6）年まで欧米を歴訪した際、フランスで夕食時に当たり前のようにワインを楽しむという豊かな文化を目の当たりにして、「日本でも用途の広いブドウの普及を図って新しい産業に育てる」ことを念願としたそうです。

こうして明治政府は殖産興業政策の一環として、ブドウ栽培・ワイン醸造振興策を加えました。古くからブドウの産地だった山梨県で「欧米式ブドウ栽培と醸造施設のモデル県になろう」という動きが活発化するのも無理ないところです。

1876（明治9）年6月、甲府の舞鶴城跡に山梨県立勧業試験場が建設。試験場内にはまず蚕業試験場が、翌年3月末には、総工費1万5000円（現在の貨幣価値に換算して数億円）をかけて県立葡萄酒醸造所が完成しました。

1877（明治10）年8月には、八代郡祝村下岩崎（現・勝沼町）に法人組織「大日本山梨葡萄酒会社」（メルシャンの源流）が設立されました。

日本初の民営法人による葡萄酒会社を操業するには、醸造技術と醸造法を完全に指導できる有能な人材が必要です。そこで、村から優秀な青年をワインの本場フランスへ派遣することにしました。

修行期間は1年間、旅費、滞在費、研修費など会社が用立てた渡航費は二人合わせて3031円6銭4厘。これは県内のブドウ生産地の山城八郡（現在の東山梨郡、東八代郡、旧西山梨郡など）の郡費で支給することになりました。

白羽の矢が立てられたのは、株主でもあった高野正誠（当時25歳）と、発起人のひとり土屋勝右衛門の長男・助次郎（のちの龍憲、当時19歳）です。

県内初の西欧旅行に胸を弾ませた二人の青年は、同年10月、横浜港から出航するフランス船タナイス号に乗り込みました。その後、香港で別の船に乗り換え、シンガポールを経てインド洋を横断、セイロン島のコロンボに寄港してアラビア海を横切り、スエズ運河を抜けてポートサイド、ナポリに寄港、マルセイユの波止場に着いたのは11月24日。横浜を出て、実に45日間の船旅です。

その後、マルセイユから旅客列車でパリに到着。近くの小学校でフランス語を習い、暮れの12月28日にはパリから150キロほど離れたシャンパーニュ地方オーブ県（当時郡）トロワ市（町）に住む、国際的な農学者・苗木商だったシャルル・バルテ氏の自宅を訪問します。バルテ氏からは「研修に期限があるらしいから、理論より実技をしっかり身につけたほうがいい」と、ブドウ栽培・ワイン醸造研究の実務者ピエール・デュポン氏を紹介されました。

二人はバルテとデュポン両氏の指導のもと、ブドウの剪定、挿し木法、品種を改良する接ぎ木法、摘果、収穫法などの実技と、ブドウの品種の研究、生食用ブドウと醸造用ブドウの本質的な違いなどの理論を（和訳の辞典と照らし合わせながら）必死に学びました。その成果を日本人に正確に伝えるためのスケッチも丹念に行っています。昼は作業、夜は記録と、ほとんど不眠不休の日々を過ごしながら、習得したのです。

当然、期間の1年は過ぎてしまい、二人が横浜港へ着いたのは1879（明治12）年5月8日。出国してから1年7カ月が経っていました。

帰国した年、持ち帰った欧州種の苗はすでに害虫に侵されていたこともあり、二人は甲州を使って30余石（約5キロℓ）、翌年に180余石（約33キロℓ）のワインを醸造しています。しかし、販売ルートが確立できず、1883（明治16）年以降は生産量を大幅に下げ、翌年には操業停止に追い込まれてしまったのです。

1886（明治19）年、大日本山梨葡萄酒会社はついに解散に至ります。解散後、土屋は宮崎幸太郎とともに旧会社の醸造器具を譲り受け、後に「大黒天印甲斐産葡萄酒」という本格ワインを送り出す甲斐産葡萄酒醸造所を設立。一方の高野はその後もブドウ栽培と醸造技術の普及に努め、みずからもワインを醸造しました。

また1899（明治32）年、川の水害に襲われた勝沼では、傷などで出荷できないブドウが大量に発生。先の宮崎光太郎がそれらのブドウを買い上げたところ、農家から「我々は冠婚葬祭、晩酌を含めて、ワインに切り替えます」という感謝状が届き、「ワイン愛飲運動」がはじまりました1903（明治36）年ごろまで続く）。当時の農家には当然ワイングラスがないので、彼らは湯飲み茶碗で飲んでいたそうです。

こうしてワインにおける官業指導型の殖産興業政策は山梨県では主だった功績を残せないまま終焉を迎えることとなったわけですが、高野正誠と土屋龍憲の二人は、勝沼をブドウの聖地とするとともに、本格的なワインが日本でも生産できることを教えてくれました。彼らは国産ワイン造りの偉大なパイオニアです。

［参考］
http://www.kirin.co.jp/entertainment/museum/person/wine/04.html
https://www.suntory.co.jp/wine/nihon/column/rekishi01.html
『中央葡萄酒九〇年の歩み―甲州を世界へ』

第2章

失敗が照らした新たなる道

相手の立場で考える　原料生産者との信頼と連帯を探る

ワインの品質は、ブドウの出来で8割が決まるといわれます。前述のとおり、甲州の品質をワイン用として向上させたいにもかかわらず、そもそも生産農家は減少の一途をたどっており、強い危機感を抱いていました。そこで1989（平成元）年、社長に就任して新たにはじめたのが、原材料となるブドウ栽培の改善でした。

それまでは農協（農業協同組合）と取引をしていたのですが、その取引形態を変えました。一定量を買い取ることを約束した直接契約農家を、少しずつ増やすことにしたのです。

90年代初頭までは、「山梨県原料ぶどう受給安定協議会」という組織のもと、県全体にわたり統一価格でワイナリーと農協が取引をしていたため、「価格と同様に、どの地域で栽培したブドウも価値は同じである」という認識が一般的でした。しかし、私にはそう思えませんでした。**傾斜地のブドウと平地のブドウでは、糖度も酸味もまったく違う。**私自身は当時から、丘陵地帯で栽培されているブドウを重要視していました。

そこで良質な原料を入手するため、標高450～500メートルの鳥居平《とりいびら》や菱山など、丘陵地帯にある畑の甲州に着目し、栽培農家の組織化をめざしました。これは、冷涼、陽光、水はけなどを基準に栽培適地を守ろうとする取り組みで、農家の若い担い手と一緒に「農村文化塾」という勉強会を開いたのがはじまりでした。

それまで山梨では、ブドウの量と価格を定めた契約栽培はあったのですが、これに質を加味しての契約栽培は進んでいませんでした。そこで、農家にワイン用ブドウ栽培に意欲をもってもらおうと考えたわけです。農家の希望価格で合意することは、ワイナリーの経済的負担にも直結します。自分で言うのはおこがましいのですが、かなり画期的な勉強会だったろうと思います。

「六次化」「六次産業」という言葉があります。端的に説明すれば、農業や水産業などの第一次産業が、食品加工・流通販売にも業務展開する経営を指します。ただモノを単純に生産するだけではダメで、それをどうやって加工して、どうやって売るか。それが「六次化」の示すキーワードです。

最初は「1＋2＋3＝6」、つまり「第一次産業＋第二次産業＋第三次産業＝六次産業」という意味だったのですが、第一次産業が小さくなっても、その分、第三次産業が埋め合わせをすればよいのではないかという時流に警鐘を鳴らすために、何より大切である第一次産業を放っておけない、極端にいえば第一次産業がゼロになれば元も子もないと、足し算から掛け算「1×2×3＝6」へと考え方が変化しました。

このコンセプトを考えたのは、農業経済学者である東京大学名誉教授の今村奈良臣《ならおみ》先生です。

当時はまだ「六次化」という言葉はなかったのですが、1992（平成4）年にはすでに概念をおもちで、私は先生から「文化というものは農村にもある」と教わりました。「農村にある」というのは、私たち醸造家が原材料を作る農家の生産者と交流しなくてはいけないということ。それで農村文化塾を作って、5年ほど活動したのです。

この「六次化」は昨今、農業関係で尊ばれており、山梨県でも2016（平成28）年、「果樹食品流通課」が「果樹・6次産業振興課」に名を変えています。

ところが、私が直接契約農家を増やしていくと、その農家が地域の人から反発を受けることが度々ありました。各農家は通常、農協の傘下にあり、農協が一定量を取りまとめてワイナリーの希望数量の確保にあたっていたからです。「ワイン用と食用は異なるから」などと説明して回り、なんとか納得してもらったことも一度や二度ではありません。契約してくれた農家は、農協とのやりとりをすべてやめた方もいれば、半分は農協、半分はわが社と取引するという方もいました。

直接契約ですから、手間をかけたブドウであれば、わが社は農協の統一販売価格より高く買い取ります。そして、農家が足繁く畑に出向き一生懸命にブドウ栽培に励むことを指す「足肥《あこい》」という言葉がありますが、畑に自身の一生が映されるわけですから、単に売値が高いこと以上に、買い取りの継続を保証する生涯契約であることが大きな意味をもちます。ですから、農協と農家の契約が毎年更新されるのに対して、わが社は農家に一生作り続ける意思があるならずっと買い受ける覚悟です。そのような安定した契約が、だんだんと増えつつあります。

農家にとって、畑は代々受け継がれてきた自分たちの歴史です。ですから、彼らが築き上げてきた栽培法に、わが社が一方的に口出しすることはできません。

ただ、もともと食用ブドウを作ってきた農家が大半です。食用ブドウとワイン用ブドウとでは見栄えや形、栽培方法も異なります。たとえば、ブドウの種までもワインの味わいに影響するほか、ブドウの果粒が小さいほうがワインには好ましいし、酸味も大事です。一方の食用では、どれもその逆が好まれるといっていいでしょう。しかも農家側にすれば原料ブドウの取引は重量が第一の要素ですから、大粒・大房で重量を稼ぐのが素直な考え方です。つまり、**農家と醸造家では、ブドウに対する考え方がまったく違う**のです。

加えて、国際品種であるカベルネ・ソーヴィニヨンやシャルドネのワインの味わいを、現在でも多くの農家は知らないため栽培することができません。

一方、醸造家は、どういうブドウからどういうワインができるか、望むワインを造るためにはどういうブドウにしなくてはいけないかがわかります。そうした点を丁寧に説明することで、農家が私たちの訴えに理解を示してくれるようになりました。

理想をいえば、国内すべてのワイナリーがみずからブドウ栽培に乗り出すべきでしょうが、大規模な栽培法が確立されていないのと同時に、ブドウに適した広い土地を確保するのが難しい日本の国土では極めて厳しいといえます。

現在、わが社も12ヘクタールの畑でブドウ栽培をしていますが、極端な言い方をすると、栽培面積を10倍にしようとすると、赤字が10倍になるくらい収益性が低いのです。この点を、いかに農家の力を借りて補えるか。それには、互いに価値を共有化した連帯感のある関係を構築する必要があります。

本質から見直す　理想のブドウをめざして自社栽培に乗り出す

照準を世界の銘醸ワインに合わせると、凝縮度の高い良質なブドウが必須です。

そこで、契約農家を増やすのと並行して、1990（平成2）年からはワイン用ブドウの自社栽培もはじめました。特に山梨県におけるワイン造りで一般的な、「醸造はワイナリーが行い、栽培は農家が担う」というあり方を超えて、ワイナリーみずからがワインに適したブドウを栽培することをめざしたのです。

山梨県では長い歴史のなかで、食用ブドウを主体に生産されてきました。ですからワイナリー側も、ブドウは農協からだろうが契約農家からだろうが、とにかく農家から「購入する」という発想がベースにあります。このことは、見栄えが悪かったり取り扱いで傷んだりして生食用の基準に満たない、いわゆる〝くずブドウ〟からも、良いワインを造るのが醸造家の腕、という迷信さえもはびこらせた遠因になったと思います。

一方、たとえば長野県は、「ワインを造りたいのであればブドウを作らないといけない」ところからはじまりました。もちろん長野のワイナリーがすべてそうだというわけではありませんが、根本となる考え方が違うのです。以前、麻井宇介さんから「ブドウ栽培に対する心意気を彼らから見習うべきだ」「**ワインはブドウ作りからはじまる**。そのためにも、ワイナリーは自立しなければいけない」と指摘されたこともあり、自社栽培のことは心に強く残っていました。とうとうその実現にこぎつけたのです。

まずは、勝沼町にある休息の畑に、山梨県が育種した専用品種・甲斐ノワール（ブラック・クイーンとカベルネ・ソーヴィニヨンの交配種）を植えました。

次いで、八代町（現・笛吹市）に取得した50アールの農園に、マンズレインカット方式[*]の設備を建設し、カベルネ・ソーヴィニヨン、メルロ、甲斐ノワール、ヤマ・ソーヴィニヨン（ヤマブドウとカベルネ・ソーヴィニヨンの交配種）などの赤品種と甲州を植栽しました。

当時は栽培技術を身につけていなかったので、ブドウの生育はたいへん興味深く、毎日の畑通いは楽しくもありました。醸造に携わるスタッフがかけもちで取り組み、1996（平成8）年まで栽培を継続したのですが、八代町では残念ながらワイン生産に至る十分な成果を得ることができませんでした。

同年、鳥居平地区（勝沼町）に61アールの農園を拓き、主要な赤白の欧州系専用品種を植えました。農園の専任者も配置し、栽培部門を確立しました。

ここでの栽培の目的は、高品質なブドウからワインを生産すること。さいわいにも1999（平成11）年産のメルロを原料にした「キュヴェ三澤（赤）1999」が、「第3回インターナショナル・ジャパン・ワイン・チャレンジ2000」において金賞を受賞。栽培のより困難なカベルネ・ソーヴィニ

＊マンズレインカット方式とは？
ブドウは成熟に向けて雨の影響により病気による傷みが発生するため、ブドウの樹全体を降雨から守り、当時、とりわけ雨に弱い欧州系ブドウ栽培に適用すると良質なブドウを得られる、マンズワイン社が開発した画期的な方法。

ヨンにおいても、「キュヴェ三澤 プライベートリザーブ 2001」など高品質なワインを造ることに成功しました。

鳥居平農場を拓いた段階から、私はより一定の規模のある広大な新農場建設を考えていました。

そのような農地を伝統産地の勝沼でみつけるのは至難の技でしたが、いくつもの候補地を回って検討していたとき、40キロほど離れた現・北杜市明野町《ほくとしあけのちょう》に10ヘクタール以上の荒廃した有休農地があるという情報が入りました。しかし、そこでワインを造ると、知名度のある「勝沼」を名乗ることができない。悩みましたが、それほどの大きな農地は魅力的だったのです。それも標高700メートルにある、主に南西面が斜面で、日照時間が日本一(4〜10月で1600時間!)と、最高の条件がそろっていました。

この土地の造成が終わり「グレイス明野農場(現・三澤農場)」を開園したのは、2002年4月です。

私たちは9ヘクタール弱の農地に、赤はメルロ、カベルネ・ソーヴィニヨン、カベルネ・フランなど、白はシャルドネのみという配分で植栽をスター

菱山鳥居平の風景

日照時間が日本一長い明野町にある
三澤農場

トしました。地質が火山灰性の淡色クロボク土だったので、土作りと植樹・栽培を同時並行して推進し、地下排水のための暗渠《あんきょ》やブドウ樹の畝《うね》を高くした高畝《たかうね》方式（リッジ・システム）の新設など、果敢に挑戦しました。いずれも**水はけをよくしてブドウの樹に水分ストレスを与える**ものでした。

最初に一般向けにリリースされた「グレイス メルロ2006」は、全日空が世界で初めて導入したボーイング787のファーストクラスでの採用が決定、同時に「グレイス シャルドネ 2007」も併せて採用が決定されるなど、高い評価に恵まれました。

ところが2008年以降のリーマン・ショックの余波を受け、ボーイング787のファーストクラスは、なんと幻に。そこで先の2種類のワインは、ともに日本のドメーヌワイン（自社栽培の畑から造られたワイン）として、従来の欧米線のファーストクラスで提供されることになりました。

明野農場は、第一次の整備を終え、「キュヴェ三澤 明野甲州」の評価も受け入れられてきたことから、2011年に「三澤農場」と改称しました。現在では12ヘクタールに達しています。

ここまで書くと相当量のブドウを自社栽培しているように聞こえるかもし

れません。でも誤解のないように明記しておくと、現在のわが社の生産量の2万ケース（12本入り）のうち、8割近くは契約農家、出荷組合、農協から買い受けた原料ブドウから造られています。内訳は主に甲州で、一部マスカット・ベーリーAとカベルネ・ソーヴィニヨンが含まれます。全体の2割程度にしか達しない自社栽培の内訳は、欧州系ブドウ品種と甲州です。

私は契約栽培をはなから否定しません。このブドウならどういうワインになるか、造りたいワインのためにどういうブドウを育てればいいか、という価値観や方向性を生産者と共有できるのであれば、契約栽培も決して悪くないと思っています。

失敗から成功のヒントを得る

垣根栽培に挑戦するも花も実もつかない

甲州の多くは伝統的に枝を四方八方に伸ばして樹を大きく育てる「棚仕立」による栽培が主流でした。ちょうど、藤棚のような感じです。

1000年以上前に日本に伝わった甲州が、もとはワイン専用品種のルーツをもっていたとしても、当時の日本にワインを造る発想はなかったはずです。食用に供されたため、狭い面積でたくさん収穫できる方法が選択されたのではないでしょうか。ブドウは種からでなく、接ぎ木から育てます。たくさん実のなる甲州の樹が、長い間かけて選抜されてきてしまった背景が、甲州の樹勢の強さにあると考えられています。

特に60年代半ばに「X字型整枝剪定法」*が導入されたことで、1本の樹に500以上の果房をつけられるようになり、たわわに実がなった様子は実に見事です。一般的に数量ベースでブドウ取引を行う農家は、単位面積当たりでより多くの収量が期待できるこの「棚仕立栽培法」をとります。

しかし、この棚仕立だと、一枚一枚の葉や房に十分な陽光が当たらず、糖度の高い良質なワイン用のブドウはとれません。このため、海外のワイナリーのほとんどが、「垣根仕立栽培」といって、生け垣のように枝を縦に這わせて育てる栽培方法を採用しています。

私自身は1988（昭和63）年、社長就任の前年になりますが、欧州を視察したときに垣根栽培を見学し、本格的に検討しはじめました。そこで「世界基準からすれば垣根栽培がスタンダードである」ということを目の当たりにしたわけです。実際に日本でも試験圃場《ほじょう》としてスタートしている大手企業がいくつかありました。

＊X字型整枝剪定法

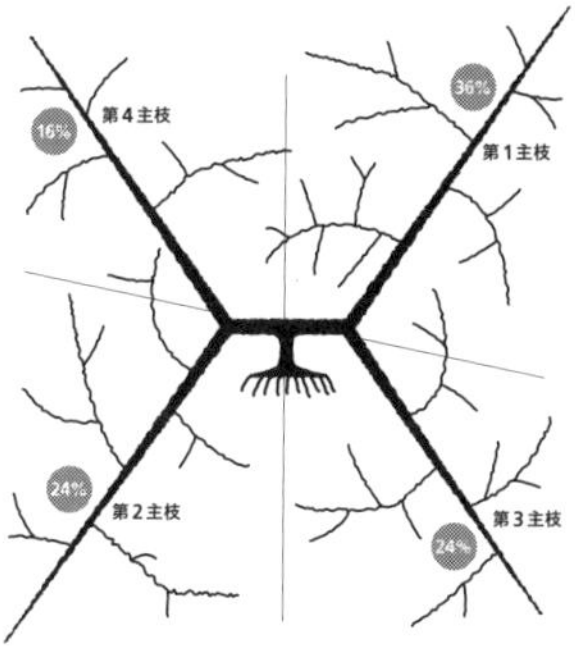

垣根栽培であれば、棚栽培と比べて陽当たりがよく凝縮したブドウを得られるのはもちろん、風通しもよいので畝方向を配慮すれば病原菌を避けやすくなります。また、実を摘んだり葉をよけたり雨対策をしたりといった作業効率もよく、比較的短時間で行えます。長い目でみれば、初期投資が棚より安価で済むほか、収穫時などに作業機械を入れやすく、大幅にコストダウンを図れる余地があります。

ただ、**棚栽培ではブドウが1本の木に500~700房ほどつきますが、垣根栽培であれば15房程度**に制限します。いくらメリットが多いとはいえ、直近の収穫量が収入に直結する農家に、棚仕立から垣根仕立に変えてほしいと言っても、なかなか首を縦に振ってくれません。

もっと充実した果実を選ぶ方法はないのだろうか——。

悩んだ末に1990年（平成2）年、前述のとおり八代町に取得した50アールの農園で欧州系のブドウの垣根栽培に挑戦することにしました。

甲州の垣根栽培も2年後の1992（平成4）年にスタートしたのですが、残念ながら花も咲かず、実がなりませんでした。

藤棚のような棚仕立をやめ、垣根仕立栽培へ

ブドウの生理には、枝が伸びる「栄養成長」と、実が熟していく「生殖成長」があります。ブドウの枝がどんどん伸びていく栄養成長が著しいと、そちらに栄養をとられて生殖成長に回らず、花がつかずに終わるため実がなりません。このときは肥沃な土壌で窒素成分が多かったために、栄養のバランスが悪く、枝が伸びすぎてしまったのが敗因だったようです。仕方なく、垣根栽培はいったん諦めることにしました。

垣根栽培を中断した1996（平成8）年には、発想を変えて、種から植える実生《みしょう》栽培に挑戦することにしました。

従来、ブドウは接《つ》ぎ木法といって、木の枝を接いで増やします。この方法であれば、品種が変わらず、同じ形質が保たれます。しかし、逆をいえば、枝が伸びやすい形質はそのまま引き継がれてしまうのです。

一方、実生栽培はおのずからさまざまな系統が選抜できます。種から育てることになるので、まったく違う甲州になる可能性があります。むしろ、**1000年の長い歴史のなかでワインに向いていたとしても見過ごされてしまった甲州の先祖を探す、という発想に近い**でしょう。枝の伸びが遅く、実が大きくなりすぎない、よりワインの醸造に適したものをみつけられるかもしれません。

最初の年は、２００粒の種からスタートしました。枝に実がなり、それが探し求めてきた甲州の姿かどうかわかるまでには、5年の歳月が必要です。しかも、優れた品質をもつ新たな甲州の生まれる確率は4～5万粒にひとつ程度。非常に根気のいる作業で、成果を見るのは孫の代かもしれない。それでも、新しいブドウが出てきて固定化すれば、日本のワイン造りにとっても大きな財産になる。誰かが手がけなければなりません。

三澤農場では、毎年わずかな確率ですが、枝のなかから違うものが出てきます。その際は、枝を増やしています。

実生栽培の試験は２０１６年で1万粒に達しましたが、これといった成果に至りませんでした。そこで実生栽培と決別し、マサル・セレクション*に今後を引き継ぎました。この繰り返しが実り、いつの日か甲州の本質に迫ることができたら本望だという思いでした。

垣根栽培に再挑戦したのは、２００５（平成17）年のことです。

明野農場では当初、欧州系品種のみで計画されましたが、その立地条件が

＊マサル・セレクションとは？
畑から優秀な株を選んで穂木《ほぎ》をとって移し植える、クローン選抜の手法。

優位であればこそ、「甲州で世界市場へ進出する」ことを社是とするわが社にとって、甲州の栽培は避けて通れない課題だったのです。

そんなとき、海外での甲州垣根栽培の成功例が私を後押ししてくれました。ドイツ・ラインガウの気鋭醸造家であるフランク・ショーンレーバー氏が、2003（平成15）年に日本から持ち込んだ甲州の苗木を垣根栽培し、2年後に収穫したブドウで「ラインガウ甲州 2005」を完成させたのです。

収穫の翌年、ショーンレーバー氏が山梨を訪れた際、「ラインガウ甲州を楽しむ会」が開催されました。驚いたのは、11月上旬に収穫したのに、糖度が優に20度を超えていたこと。やや辛口の仕上がりでありながらも、爽やかなリンゴのような酸味と薄っすらとした残糖感とが調和し、また、低温発酵由来の強いエステル香*は別にして、ブドウの熟度に裏づけられたトロピカルがかったピーチ香*をもつ、凝縮感ある優れたレベルのワインでした。ドイツワインならではのほのかな残糖感はワインの酸味を引き立てるための前向きな考え方であり、従来の甲州のやや甘口のように、渋みを調和させる意味合いとは異なります。

ショーンレーバー氏いわく「甲州は新しい品種だったが、リースリングと

ラインガウ甲州の収穫を終えて（ショーンレーバー氏の自宅にて）

＊「エステル香」とは？
バナナ、リンゴ、メロン等に似た新鮮な果実の香り。日本酒の吟醸香と同等。
＊「ピーチ香」とは？
ワインの香りはその多くは果実の香りに例えられるが、その幅は大きい。ピーチ香はエステル香よりもさらに熟した果実の香りで、桃の香りに似ている。

同じように栽培した」とのこと。私はこのとき、垣根式甲州の質の高さをあらためて認識しました。

翌年の1月にはショーンレーバー氏の厚意により、ラインガウでの研修が実現しました。

ショーンレーバー家の甲州は、「２００５」「２００６」のヴィンテージ（原料ブドウの収穫年）ともに、ブドウを十分に完熟させるため、収穫時期を11月初旬まで延ばした遅摘みです。その結果、糖度が20度以上のレベルに達するのです。

また、開花から収穫までのいわゆるブドウ果実を収穫するまでのハンギングタイムが長いわりには、水や湿気を媒介とする雨媒伝染性の晩腐病《おそぐされびょう》などの病気が発生しておらず、ブドウの果実は冷涼な気候がもたらす十分な酸味が維持されていました。果汁段階での人工的濃縮がまったく頭にないショーンレーバー氏は、あくまで栽培を通じてブドウの凝縮感を追求していました。

これらのことがラインガウの気候からくるものだと決めつけてしまえば、日本での垣根栽培の新たなる展開は望めません。明野農場の4～10月の日照時間はラインガウと同程度以上、またドイツのワイン法に基づく最上級の特級畑が並ぶライン川沿いの斜面と同じく、明野農場は南西面傾斜の広大な土地です。つまり、ブドウの凝縮感を追求できる条件がそろっているのです。

私は、おおいに勇気づけられました。

その後、私の意をくんで明野農場の栽培チームが再挑戦した垣根栽培による甲州は見事に成功します。2007年、待ちに待った花が咲き、実を結びました。確信をもった私は、2009年から本格的に垣根栽培を展開し、2013年には、甲州の収量が初めて10トンを超えました。この農場で栽培されているシャルドネの収量とほぼ同レベルです。この間の失敗の連続については、娘の彩奈がまとめる第Ⅱ部に譲りたいと思います。

互いにリスクをとって成長する

農家との全量買取契約で信頼関係をつくる

現在、甲州の栽培は自社でも手がけていますが、その大半は外部の農家に委ねています。農家とワイナリーとの間では、直接契約を含めて、いくつかの契約形態があります。しかし、**ブドウは自然の産物なので、大なり小なり単年度の需給バランスがどうしても崩れる**宿命にあり、両者の関係性にきしみが生じます。

直近の出来事としては、2013年の甲州の余剰と、その後の2年連続の原料不足が、農家とワイナリーとの関係を不安定にする大きな要因となりました。

農家側は需要が少なくなると判断すれば、ブドウ樹を伐採して収量をコントロールします。この影響はてきめんに現れます。また、需要が期待されると判断すればブドウ樹を植栽しますが、この場合は成園（一定の収入が得られる果樹園）になるまで数年かかります。

一方、ワイナリー側も、確実な信頼で結びついた農家からの安定した購入比率はそうは高くなく、ワインの需要が下がれば、原料となるブドウの購入量は減る方向にあり、市場では甲州がだぶつきます。また、ワインの需要が増えれば、原料価格を上げてでも原料確保に走るワイナリーもありました。

こうした互いの都合主義による取引が、農家とワイナリーの信頼感を失わせ、結果として甲州の県内栽培面積を減らす事態を招いてしまったのです。

私は、山梨県ワイン酒造組合の齋藤浩会長のもとで原料関係の取りまとめ役を務めていたことがあります。任に就いていた2014年3月、組合は

「甲州ブドウ全量契約栽培宣言」を発表しました。

これは、ワイン業界側と農家との信頼関係を前提にして打ち出した方針で、「甲州ブドウの生産意欲のある農家がワイナリーと正式に契約を結べば、相互が納得できる範囲でブドウの買い取りを永久に保証する」という内容です。国内外を隔てなく適正な市場を求めることこそ、仮に甲州の生産が拡大したとしても、将来の実質的なセイフティネットになっていくでしょう。

とはいえ、ワイナリーとしては不作の年にも全量買い取るとなると経営的に苦しくなるため、反対意見もありました。県内ワイナリー80社の足並みをそろえるというのは、本当に難しいことです。でも農家と同じ歩みを進めるには、同じ市場に向かって歩み寄ったほうがいい、と私は思ったのです。

実際、この宣言を通して、農家とワイナリーの信頼関係は少しずつ修復へと向かっています。

2015年12月、県全体では10年前と比較して甲州の畑の面積が15％減少し、330ヘクタール強となっています。そうしたなかで、同年の甲州は豊作となり、契約栽培による購入量は、昨年比20％増となりました。またワイナリー側も、国内外の甲州市場の拡大傾向を受けて全量を購入できました。

万一、市場で甲州のブドウを余らせるような事態になれば、せっかく築き上げようとしている農家とワイナリーとの信頼関係づくりへ道が閉ざされることになりますから、私はほっと胸をなでおろしました。

イメージやビジョンが未来を照らす

「風格」と「品位」を忘れない

少し時間を巻き戻して、第1章でも触れた「勝沼ワイナリークラブ（現・勝沼ワイナリーズクラブ、以下ＫＷＣ）」について、ここでもう少し詳しく述べたいと思います。

前述のとおり、１９８７（昭和62）年2月、甲州のさらなる品質向上をめざし、山梨県甲州市勝沼町内にある12ワイナリーの若手醸造家たちが集まりＫＷＣを結成しました。

ＫＷＣの会員は、ワイナリーのオーナーまたはオーナーに準じる者とし、会の意思決定に責任をもちます。また、造り手と飲み手がともにワイン産地・勝沼を大事にするために、商標や社名に勝沼を冠する場合は勝沼産ブドウを85％使用すること、としています。

同クラブで、勝沼産甲州を１００％使用し、専門家らを招いた厳正な審査会に合格したワインのみを瓶詰めした「勝沼ボトル」なるものをつくりました。このボトルが「勝沼産優良甲州１００％の高品質ワイン」であることを保証するのです。瓶の表面には、甲州（ワイン）のパイオニア、高野正誠と土屋龍憲の二人をシンボル化したレリーフが彫られていて、色は、甲州から醸される白ワインに合うイエローグリーンにしました。

審査会は年2回開催し、合格するためには以下の条件を満たす必要があります。そして、厳正な官能審査を経て「勝沼ボトル」と認定されるのです。

1　原料として勝沼産甲州を１００％使用すること。また、ブドウの糖の含有量を測るために糖度として用いる量であるＢＲＩＸは16度以上とする。ただし、気象条件が叶わず糖度低下が見込まれる場合は、2度以内であれば下げることが認められる。近年はブドウの収穫が遅くなると気象の影響で病果が増えることや、ブドウの香りを重視すると従来の収穫期より前に香りのピークがくることがわかっている。したがって、ブドウの糖度が16度を下回る場合もある。

2　ブドウの収穫地、栽培者はブドウの由来として正確に記載する。

3　出品酒はすべて、比重、アルコール、ｐＨ、遊離亜硫酸、結合亜硫酸、総酸、還元糖が分析されることが必要。

4　業界が統一した甘辛表示をする場合は、県立ワインセンター方式のエキス分を基準にして表示するのが一般的であるが、こうして最初から国際基準に基づく還元糖による共通の甘辛表示を団体として纏まって実施している。

官能審査終了後には、各審査ワインについて、評価を出し合います。香り、味などにおいて問題点がある場合は、その場で原因の究明に努め、より高品質なワインの可能性を探ります。各ワイナリーが仲間のワインを審査するということは、それぞれの甲州に対する考え方などの知見も得られるので、教育に結びつく効果もあります。

事実、当初は辛口、甘口、樽の風味を強調したワイン、醸しの特徴を生かしたワインなど、さまざまなタイプがありましたが、官能検査を年に2回経ることで、不思議なことに辛口に収斂《しゅうれん》していきました。各社のこだわりがあってこその多様性がひとつの輪郭を携えた魅力をもたらしたのです。

初回のオリジナル勝沼ボトルの製作には、ふるさと創生資金を充てて6万

2000本を生産しました。発表したのは、会を結成して間もない、その年の秋のことです。

このKWCの甲州のお披露目の経験を生かし、1988(昭和63)年に日比谷公園で「新酒《ヌーボー》まつり(現・山梨ヌーボーまつり)」が開催されました。KWCのメンバー4名にワイン酒造組合2名が加わり、計6名の実行委員会で運営にあたりました。そこで行った来場者アンケートは驚くべき結果になりました。

首都圏のワイン市場は、まだ白ワイン70%弱、ロゼワイン約20%、赤ワインが約10%で構成されていました。また当時は十勝ワインのほうが有名だったこともあり、山梨県産のワインの知名度はまだまだ。私たちKWCは、こうしたイベントを「山梨県がワイン産地であることを知ってもらうための絶好のPR」と捉え、甲州と山梨県産ワインの啓発活動に注力しました。

しかし、当時県庁の職員だった鈴木輝隆さんの評価は非常に厳しいものでした。鈴木さんは視察のために全国を行脚《あんぎゃ》しており、花と花を飛び歩く「ミツバチ先生」と呼ばれる目の肥《こ》えた方で、「イベントに参加できて達成感はあるかもしれないけれど、グレードや質とかいうレベルにはまだまだ達してないですね」ときっぱり言われてしまったのです。

確かにその通りでしたが、当時はインターネットも一般的ではなく、個々のワイナリーがＰＲする場はほとんどありませんでした。酒屋さんも日本のワインをさほど重視していなかったから、顧客への説明も期待できません。そういう時代にあって、これまで顧客に相手にしてもらえなかったワインを30社分まとめてＰＲできる機会は、「井のなかの蛙」だった私たちワイナリーにとっては喜びであり、非常に意義深いことでした。

一方で、鈴木さんの言う「イベントの質を上げる」という発想、そして鈴木さんが紹介してくれた藤井経三郎先生の**甲州に関わる人々に必要なのは「風格」である**という発言は、私の心を打ちました（藤井先生は「有楽町で逢いましょう」というキャッチフレーズをつくったコピーライターです）。

やはり大勢で事に当たるには、イメージやビジョンが大切です。そこでＫＷＣは「風格」をキーワードに据え、日本フィルハーモニー交響楽団や東京フィルハーモニー交響楽団の首席奏者を迎えた本格的なクラシックコンサートのイベントをはじめることにしました。

もうひとり、ＫＷＣにとって重要な方がいます。

ＫＷＣの原料ブドウの基準を設定する際、所管税務署にボトルの仕様基準を見せ、「国際的な水準から見てどうか」という相談をもちかけたところ、国税庁醸造試験所（現・酒類総合研究所）の橋爪克己さんを紹介してもらいました。橋爪さんは当時、海外のワインの表示に詳しく、原料ブドウの項目に「品位」という言葉を使うよう指導してくれたのです。

イベントにおける「風格」、そして勝沼ボトルにおける「品位」。

２つの方向性がこのとき決まりました。それは、甲州の未来に一筋の光が見えた瞬間でした。

第3章 貪欲に吸収する

もらった恩は次代に返す　日本ワインの評価を一変させた醸造技術

社長に就任した翌年の1990（平成2）年、私はフランスのロワール地方で生まれた「シュール・リー製法」でのワイン醸造をスタートしました。

私が家業を継いだころは、いわゆる澱引《おりび》き作業と呼ばれる発酵後の澱の処理をいかにして気温の上がる春先までに終えるかが、ワイン造りのひとつのキーポイントでした。当時は、澱の廃棄処理にも所管税務署の許可が必要だったため、署員の確認を待たなければならなかったのです。春に入り暖かくなっても、澱がいまだ袋詰めでワイナリー内に残っているとすれば、その腐敗臭や汚れは決して清潔といえるものではありません。

こうしたワイン造りの概念を打ち破ったのが、フランス語で**「澱の上」**の意味をもつ「シュール・リー製法」です。

それまで、「澱は発酵後、速やかに取り除く」のが白ワイン醸造の常識でしたが、シュール・リーでは澱をそのままにして旨味成分を引き出しました。実際、フランスで凡庸と考えられていたロワール地方のムスカデ地区の白ワインが、その製法で造られるやパリの一流レストランのワインリストに載るまでになっていました。まさに「魔法の醸造技術」だったのです。

この技術の甲州への応用を考えたのが、勝沼の大手ワインメーカー、シャトー・メルシャンです。1983(昭和58)年、メルシャン社の顧問だった大塚謙一博士の示唆を受け、メルシャンの技術陣が開発した辛口白ワイン「甲州シュール・リー」の試験醸造が行われました。

その後、一般流通商品として発売され、私自身は1986(昭和61)年に味わう機会を得たのですが、非常に驚きました。一般的には辛口の甲州は非常に平板になりやすいのですが、そのとき味わったワインは淡麗で香り高く、しっかりとした味わいだったのです。

これだけのワインであっても、1社のみで頑張っても、思うようには売れなかったようでした。そこで立ち上がったのが、当時メルシャンの醸造責任者をされていた麻井宇介さんです。

1990（平成2）年のある日、麻井さんは工場長と技術者を呼び出して、「シュール・リー製法を公開しよう」と言いました。当然のことながら、技術者からは「何年も苦労して築き上げた技術を、みすみす他社に渡すのですか」と反発もあったようです。しかし、麻井さんはこう言って彼らを説得しました。

「技術を共有して、**ワイナリーが切磋琢磨しないと、勝沼は銘醸地にはならない**」

麻井さんは、産地形成への思いが本当に誰よりも強い人だったのです。

その考えに経営陣も折れてゴーサインを出されたようで、中小規模の他ワイナリーに対して技術説明会が行われることになりました。私も、もちろん参加しました。

発足間もないKWCも、麻井さんの「産地の団結なくしてワイン産地は形成されない」という信念に賛同し、メンバーはメルシャンの「甲州シュール・リー製法」を習うことになりました。もちろん、KWC会員以外にも同調するワイナリーが現れました。

その結果、さまざまなワイナリーがシュール・リー製法で醸造した「辛口の甲州」を製造・販売するようになりました。ワイン愛好家の間でも大きなうねりとなって受け入れられ、評判が評判を呼ぶようになります。わが社のような小さなワイナリーでも胸を張れる辛口の甲州を醸造できるようになり、あっという間に数万本の醸造本数に達しました。

それまで低迷していた日本のワインの評価がその後上がっていくうえで、1983（昭和58）年のメルシャンによるシュール・リーの試験醸造が、間違いなく大きな転換点でした。

やがて、中小ワイナリーが手がける「辛口甲州」合計の売上は、大手ワイナリーのそれを超えていくことになります。今でこそシュール・リー製法は甲州の造り手にとって当たり前の技術のようになっていますが、大手ワイナリーから技術がもたらされ、今日の市場拡大につながったのです。

あのときの麻井さんとメルシャンの決断がなければ、今の甲州はない。そう思うと、感謝の念に堪えません。この恩は未来の日本ワインに返していきたい、と思っています。

人の縁を大切にする

〝魔術師〟が引き出した甲州のポテンシャル

第1章で紹介した、麻井宇介さんの「ロンドンで勝負しない日本のワイン造りには厳しさがない」という言葉は、実に長い間、私に重くのしかかっていました。

そんな想いがあって「世界レベルで認知してもらえるワイン」をめざしていたのですが、あるとき思いも寄らぬチャンスが訪れます。

2004年の「甲州ワインプロジェクト」への参画です。

当時、わが社の取締役副社長だった酒井正弘（現・顧問）は以前より、〝ワインの帝王〟の異名をもつ、世界で最も影響力のあるワインジャーナリストのロバート・パーカー氏が甲州をどのように評価するか、畏《おそ》れ多くも興味津津でいました。そこで、パーカー氏と親交のあるアーネスト・シンガー氏に、甲州のテイスティングを依頼したのです。

『ワイン・バイヤーズ・ガイド』（講談社）をはじめ、ロバート・パーカー氏の主著の日本語版を監修しているシンガー氏は、12歳で来日した日本育ち。

現在はワイン輸出入・卸などを手がける株式会社ミレジムの代表取締役社長を務めています。

わが社の2002年ヴィンテージからの「グレイスワイン」は、低めのアルコール度数の辛口ワインで、それまでの一般的なタイプとは明らかに異なりました。業界内には懐疑的な人々もいましたが、世界の良質なワインを輸入していたシンガー氏は肯定的でした。早くから、甲州のオリジナリティを評価してきたひとりです。

シンガー氏は「パーカーは、アメリカに輸出しないと評価しない」と言う一方、「日本のワインで世界に出て戦えるのは、甲州しかない」と考えていて、海外への本格デビューに強い意欲を示していました。そこで、海外事情に明るい彼の人脈を通してワイン造りのコンサルタントに迎えたのが、フランスのボルドー大学教授、故ドゥニ・デュブルデュー教授です。

デュブルデュー教授は、5つのシャトーを所有するオーナーでもあり、多くのワイナリーのコンサルタントも行っている白ワインの専門家です。ボルドーのソーヴィニヨン・ブランの品質を一気に高めたことから〝白ワイン醸造の魔術師〟と呼ばれていました。

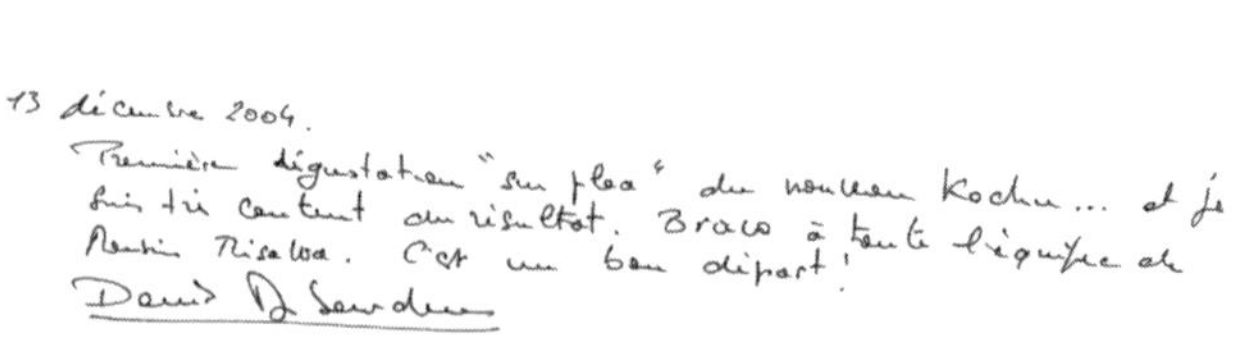

デュブルデュー教授来社の際の記名帳へのサイン

プロジェクトのスタートに際し、デュブルデュー教授はいくつかの条件を挙げました。

第一に、原料ブドウは「ヴィティス＝ヴィニフェラ」であること。第二に、甲州の苦味、香りのなさ、果実味の弱さ、そして収穫時の糖度の低さなど、問題点の原因を立証することです。

まず、第一の条件について。

世界でワイン用に栽培されているブドウは多種多様ですが、これらは植物学上、**ブドウ科ブドウ属の「ヴィティス＝ヴィニフェラ」と「ヴィティス＝ラブルスカ」に大別**できます。ワイン醸造に使ううえでは、これら2つのどちらの系統であるかが非常に重要視されます。

・ヴィティス＝ヴィニフェラ：ヨーロッパや中東で主に栽培。生食用のブドウより粒が小ぶりで果皮が厚く、糖度が非常に高くて酸がしっかりしているのが特徴で、ワインの醸造に適している。「ヴィティス」とは「ブドウ」、「ヴィニフェラ」とは「ワイン用」という意味。

・ヴィティス＝ラブルスカ：アメリカ原産種で、「ラブルスカ」は「野蛮な」という意味。ほとんどが生食用やジュースの原料として使われる。ワインにするとヴィティス＝ラブルスカ個有のフォクシー・フレーヴァーがあり、特にヨーロッパ人には好まれない。

甲州は前者のヴィティス＝ヴィニフェラに属します。

本プロジェクトがはじまった当時、ブドウのＤＮＡ解析研究の世界的先駆者、酒類総合研究所の後藤奈美氏により、甲州はヴィティス・ヴィニフェラ種・東洋系亜種にいったん分類されていました。ただシンガー氏の指示を受け、念のため、勝沼の鳥居平で契約栽培していたブドウのＤＮＡ鑑定をあらためて依頼することにしたのでした。結果、ワイン醸造・ブドウ栽培の研究機関として著名なカリフォルニア大学デービス校から「８割がヴィニフェラである」という評価を得ました。

実は、この話には続きがあります。

数年後、酒類総合研究所とカナダの研究チームとの甲州に関する共同研究において、大部分はヴィニフェラであるが、一部、中国の野生ブドウのＤＮＡが含まれるハイブリッド品種であることが明らかになりました。これはつまり、甲州の祖先にあたるヴィニフェラが中国で野生種と交雑（異なる種の掛け合わせ）し、さらにヴィニフェラと交配（同種の品種同士の掛け合わせ）して日本に伝わったものと考えられます。**甲州は約1000年前にシルクロードを伝わって日本へ伝播した**と長年推測されてきましたが、この共同研究でようやくそれが証明されたのです。

次に、第二の条件について。

遡ること数年前、ボルドー大学醸造学部デュブルデュー研究室でワインの香りの研究をされていた故・富永敬俊博士が、ソーヴィニヨン・ブランに3MH（3-メルカプト・ヘキサノール）という、ごく微量でものすごく香る特徴をもつ化合物のひとつを発見しました。富永博士は「ブドウに含まれる3MHは、ワインになる際に酵母の発酵によって、香る形に変換される」ということを、世界で初めて解明されたのです。

その富永博士とメルシャンが「香り」についての共同研究を行い、2003年に「甲州ブドウのなかにも3MHの成分がある」という研究結果を発表しました。

簡単にいうと、**甲州のアロマのなかはソーヴィニヨン・ブランと同じ香りをもつ成分が存在する**、というわけです。つまり、デュブルデュー教授が白ワインに絶対に大事だと考えていた「アロマ・プレカーサー（香りの前駆体）」が甲州には存在していることが、教授がこのプロジェクトに取り組む後押しとなったようです。

2004年7月、デュブルデュー教授は原料ブドウ産地となる勝沼の畑に足を踏み入れました。これから造るワインのブドウが、よもや棚で栽培されているとも知らず（海外ではほとんどが垣根栽培だからです！）、そして、さぞかし驚いたにもかかわらず、そんな表情はおくびにも出さずに、勝沼の風景を表現する甲州の醸造に意を決してくれました。

教授はいろいろなタイプの甲州をテイスティングし、畑の実績、ブドウ樹の調査を行いました。そして同年10月、教授は自身の手足となるアントニオ・キオセグロ氏を醸造担当としてわが社に送り込みます。呼び名は、本人からの申し出があったアントニー。物腰の柔らかい沈着冷静な、ギリシャ生まれの好青年で、フランスにいるデュブルデュー教授に指示を仰ぎながら、収穫から醸造までの作業を進めました。

挑戦するからこそ成長がある

EU基準のワイン造りに挑む

この「甲州ワインプロジェクト」は、わが社にEU法に基づいた斬新なワイン造りをもたらしました。

まず、香りの前駆体の酸化を防ぐために、搾汁の段階から炭酸ガスを使用したほか、フリーランジュース（自然流下液・一番果汁）の清澄度の目安がわかる濁度計を用いました。**従来当たり前のように行われていた補糖・補酸を排除したワイン造り**であり（補酸に関してわが社はきれいな酸を生かすために行いません）、すべてが目を見張るほどのワイン造りに向かう姿勢です。**何よりもブドウが原点**でした。この指導を受けて以降、私たちはシュール・リー製法からも決別しました。技巧的な醸造から離れる道を歩んでいくことにしたのです。

11月に入ると、アントニーは手掛けたワインをわが社に託して、日本を去りました。翌年からはワインメーカーとしてギリシャの南の地域から北へと上り活躍しているとの便りを受け、嬉しかったことを覚えています。

発酵が終わりワインに仕上がった「グレイス甲州 キュヴェ・ドゥニ・デュブルデュー 2004」の風味は、ナチュラルかつ爽やかであり、何よりも繊細でした。これまで経験し得なかったテイストで、まさしくカルチャーショックというか、驚嘆しました。

私は、ワインの出来栄えを見てもらうため、醗酵が終わったばかりのワインを携え、デュブルデュー教授を訪ねてフランスに出向きました。

教授は、貴腐ワインで有名なカディヤックの北隣のベゲイ村にあり、ご自宅でもあるシャトー・レイノンで待ち構えていました。テイスティングのチェックポイントは、果実の風味と甲州の苦味の具合です。緊張して、教授の第一声を待ちました。

「成功した。良いワインだ。おめでとう」

そう労《ねぎら》いの言葉をかけてくれた教授の顔には、機嫌のいいときに見せる特有の笑みが浮かんでいました。

しかしその直後に貯蔵状況を報告したところ、教授は「それはけしからん！」と机をバンッと叩かれました。その後、教授のアドバイスどおりにヘッドスペース（タンク内の天井とワインの液面の間にある空間）を少なくして酸化を防止する貯蔵方法に変更しています。

翌2005年5月、NHKで「甲州ワインを世界の舞台へ」というドキュメント番組が放映されました。これは、甲州ワインプロジェクトの1年目を、8カ月かけて丁寧に取材したものです。

ところが放映後に、所管税務署から「このワインは果実酒（いわゆるワイン）ではない。つまり、ワインとして出荷できない」との連絡が入ったのです。世界的権威のある教授の指導したワインが、ワインとして認められない？　どういうわけか、と戸惑いました。

理由は、炭酸ガスが当時の日本の酒税法では認められていないから、ということでした。そうだとすれば、世界の白ワインの70％程度が日本の法律ではワインではないことになります。しかし、ありがたいことにその後の国税庁のクールな対応によって、同年の秋の醸造から炭酸ガスの利用が可能になり、白ワインの醸造技術の格段なる向上の機会を得られました。

また同じ年の3月には、シャトー・メルシャンも「甲州きいろ香」という、栽培と醸造で3MHを最大限に高める方法で生まれた製品を発売しました。日本のワイン業界はこのころ、大きな転換期を迎えていたといえるのではないかと思います。

「グレイス甲州 キュベ・デュニ・デュブルデュー」は、わが社のワイン造りに大きな影響を与えました。EU法に基づいたワイン造りは、**補糖量を極力低く抑えてブドウ本来の力を引き出して醸造する**、わが社の信念を後押ししてくれたのです。私たちは翌年から、EU法に基づいたワイン造りをさらに進めていくわけですが、全国のワイナリーのなかでもブドウを基本にワインを造る姿勢が優位であったかもしれません。しかし、それはとりもなおさず、「挑戦」をしたからではないでしょうか。

「醸造は、何かを加えたり、掛け合わせたりというようなテクニックによるものではなく、最初に目標を据え、その目標に向かって達成するものです」

以前、デュブルデュー教授がそのように発言していますが、そんな教授のご指導が、今も私たちの甲州に引き継がれています。

頂にのぼったら見えることがある

パーカーポイント取得に感じた嬉しさと悔しさ

2004年12月13日、中央葡萄酒にとって、いや、おそらく甲州全体の歩みにも大きな影響を及ぼす記念碑的な出来事がありました。黄金の舌といわれ、その官能評価がワイン市場に絶大な影響力をもつことで知られるロバート・パーカー氏が来社し、「キュベ・デュニ・デュブルデュー２００４」をテイスティングされたのです。そう、先にご紹介したように、これはデュブルデュー教授の指導を受け、弊社で初めてEU基準にのっとって造ったワインであり、パーカー氏にとっては初めての甲州のテイスティングでした。

パーカー氏の反応は、どうだったか。

なんと、「しっかりした十分なアロマをもち、とてもライトボディでありながら個性的。どんな料理にもマッチする柔軟性をもっている」と絶賛していただいたのです。また「甲州の未来は明るいか？」という問いに「前途は有望！」ともコメントしてくださいました。

翌年、同ワインはアメリカに１２００本輸出されました。日本のワインとしては初めて〝パーカーポイント〟を得ることにもなったのです。得点は87＋でした。

おかげで国内の愛好家はもちろん、海外からも問い合わせが相次ぎました。**甲州をめぐる環境が、このとき大きく動きはじめた**のです。

実は、私は２００３年ごろから、自社のワインをフランスのレストランに

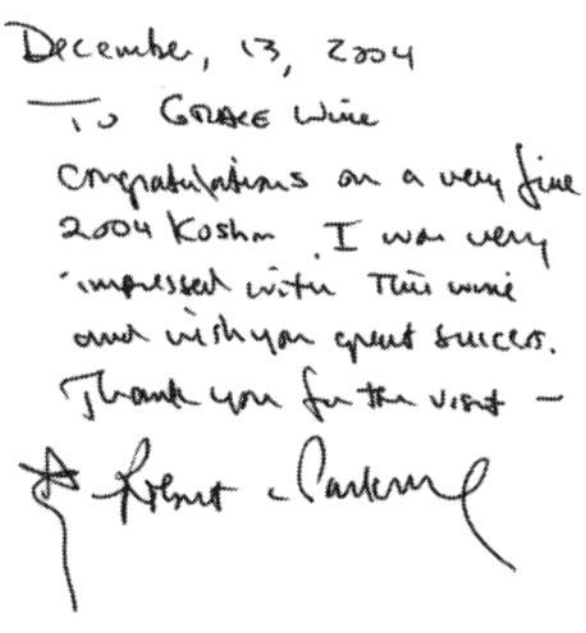
December, 13, 2004
To Grace Wine
Congratulations on a very fine 2004 Koshu. I was very impressed with this wine and wish you great success.
Thank you for the visit –

ロバート・パーカー氏来社の際の記名帳へのサイン

納入していました。

その当時、日本にはＥＵが認めるワインの品質検査認証機関がなかったので輸出証明書の発行がかなわず、1回に１００リットル以上の日本産ワインの輸出を行うことはできませんでした。逆をいえば、１００リットル以下の場合は、輸出証明書がなくても、ＥＵ圏内で通関が許されたわけです。

しかし、中央葡萄酒のような小さな規模の会社では、そのような詳しい事情をよく理解していませんでした。１００リットル以下というのはたかが10ケース（12本入り）ですから、商売の単位として成立していないとみなされていたわけです。輸出証明書があろうがなかろうが、ワインそのものがＥＵ基準でなければいけなかったことを私たちは後ほど知ることになったわけですが、おかげでアメリカへの初輸出はこの点をクリアしていました。でも、パーカーポイントを取って１２００本を輸出したくらいで満足していては、世界と勝負している証にはなりません。

さいわい、ＫＷＣの勝沼ボトルに対し、「品位」という言葉を与えてくれた橋爪克己さんが、そのころ酒類総合研究所東京事務所の部門長を務めておられました。何度か山梨に足を運んでは、ＥＵ法を理解してない私たちワイナリーの醸造家に対して、懇切丁寧に教えてくれたのです。

2007年11月、EUが酒類総合研究所をEU向けワイン輸出証明機関として認可したのも追い風となりました。

翌年1月には、わが社で醸造した「SHIZEN キュヴェ・ドゥニ・デュブルデュー 2006」480本が、世界のワイン集積地であるロンドン市場に出荷されました。EU輸出認定第1号です。EUの品質規定をクリアした日本のワインが初めてEUに上陸した、小さな一歩でしたが、夢にまでみた瞬間でした。なお、このワインは甲州そのものでしたが、甲州がパリの「国際ブドウ・ワイン機構（OIV）」*に登録される2010年までは、EU向けワインラベルへの「甲州」の表示は待たなければなりませんでした（これについては次節で詳述します）。

*国際ブドウ・ワイン機構（OIV）とは？
Organisation Internationale de la vigne et du vin／ブドウ栽培やブドウ品種、ワイン造りに関する、フランス政府による総合的な研究機関。

発信する準備がみずからを研ぎ澄ます
ロンドン市場からのPR戦略を練る

もうひとつの転機は、2007年に訪れました。後にマスター・オブ・ワイン協会の会長に就任するリン・シェリフ氏に、甲州のワイン業界としての国際戦略を相談したのがはじまりです。

リンMWにアドバイスを請うことになったきっかけは、横内前山梨県知事の要請により、柿澤弘治元外務大臣が山梨県特別顧問として就任したことでした。私の知る限り、最も多く甲州を飲んだ役人である県庁職員の仲田道弘さんの橋渡しにより、小笠原結花さんを加えた4名で、これから世界に通用する山梨の魅力探りを真剣に討議したところ、富士山を含めた美しい自然景観とオリジナリティある山梨のワインを売り込もうという結論に達したのでした。善は急げと、ちょうど香港まで来られていたリンMWにそのまま山梨へ立ち寄ってもらったのです。

リン氏と知り合ったのは、2001年に名称を変えた「ジャパン・ワイン・チャレンジ（旧インターナショナル・ジャパン・ワイン・チャレンジ）」で互いに審査員をしていたときでした。非常な親日家で、チャーミングながらも鋭い洞察力に裏づけられたマーケット戦略の持ち主です。

リンMWはこう言いました。

「ワイン情報の7割が発信されるロンドンで戦いましょう」

麻井宇介さんの「ロンドンで勝負せよ」という言葉がよみがえりました。

イギリスは、世界最大級のワイン消費地であると同時に、ワイン情報の発

リン・シェリフ氏とともに

信地でもあり、ロンドン市場が常に世界のワイントレンドを反映しています。

ＥＵに向けて輸出する効果は、次の３点が考えられます。

①甲州が世界に認知され、産地確立につながる

②評価基準のグローバル化により品質が向上する

③国内市場での過当競争の緩和等の利点を挙げ、また、県内のワイナリーが結束して輸出をすること自体が、新たな産地形成を促す

めざす方向性が固まり、２００９年7月、県内の15ワイナリーと甲州市商工会、甲府商工会議所、山梨県ワイン酒造協同組合により、ＫＯＪ（Koshu of Japan）が結成されました。

コンサルタントへの就任をお願いしたリンＭＷは白ワイン「甲州」に絞り込み、マーケティング・プロモーション構想を練りました。基本にあったのは、新規参入ワインにも伝統的にオープンな欧州市場への売り込み戦略です。彼女は「甲州」における市場での優位性として、次の４項目を挙げています。

①健康嗜好
②道徳性
③利便性（スクリューキャップ、明快なラベル等）
④道楽性（オリジナリティ、料理との相称性）

当たり前ですが、発信して伝えたいことを精査するなかで、みずからの魅力やウィークポイントが浮き彫りになります。

折しもロンドンでは健康志向の高まりから和食がブームとなっており、アルコール度数の低いフルーティなワインが人気で、爽やかな白ワインやロゼワインの消費が伸びていました。甲州も同様なスタイルが狙えそうでした。

また、**オーストラリア、ニュージーランド、南アフリカなどは、ここ20年間、輸出によって大きく前進した産地**です。北欧、特にノルウェーではアジア料理の店が増え、それに伴って白ワインの消費量が伸びていました。富裕層の多い国なので甲州にとっても将来性が見込めます。

容器となるワインボトルの基準も、早速検討しました。

瓶は750ミリリットル入りでなければいけないし（当時の日本のワイン

には、まだ日本酒の四合瓶と同じ720ミリリットル瓶がかなりありました）、フレッシュ＆フルーティな白ワインにはコルクではなく、スクリューキャップが好ましい。**安価な合成コルクを使うと、接着剤の成分が移る可能性がある**からです。もちろん、良質の天然コルクを使えばよいのですが、1個1ユーロ程度ととても高価です。あとは、輸送エネルギーコストの軽減に配慮して、通常530グラムほどある瓶を450グラムの軽量瓶に変えました。
750ミリリットル、スクリューキャップ、450グラムの3つを満たすことが、海外プロモーションには必要でした。

加えて、プロモーションで説明するには、デザインも重要な要素です。

デザインで思い出されるのが、1996（平成8）年収穫のワインです。日本におけるオーベルジュの草分け的存在「箱根オー・ミラドー」から連絡を受け、同店のプライベートワインとして採用するにあたって、常連だった池田満寿夫夫妻、李禹煥《リーウーファン》、麹谷宏《こうじたに》という著名な芸術家たちの作品をデザインしたオリジナルラベルを作成したいという依頼がありました。これは非常に嬉しい思い出です。このラベルは惜しまれつつも、2000（平成12）年にリニューアルを行いました。

それまではフランス風のラベルでしたが、縁あって日本を代表するグラフィックデザイナーの原研《けん》哉《や》さんに新ラベルのデザインをお願いすることになったのです。

原さんは無印良品のデザインなどでも広く知られていますが、北海道・むかわ町の「タンポポ酒」など地域文化と関わる産物のデザインも多く手がけられています。こうした地域の産業に関わるときのみずからの役割について、あるインタビューで「見えないところに咲く花に受粉して、新たな花を咲かせる仕事」と説明されていました。確かに、産地や造り手にアイデアを投げかけ、新たな価値創造を後押ししてくれるデザインの力というのは非常に大きいと感じています。

わが社のラベルのリニューアルに際しても、醸造家が**産地、収穫年、品種**の順に重要視するのに対して、**「消費者に向けて、そのワインの何を伝えたいか」と考えれば「甲州」という品種ではないか**、と主張されてハッとしました。また、「世界のワイン市場に出て行くなら、日本産のワインは日本の顔つきをしていなくてはならない」と、非対称で余白を大きくとり、墨書きの隷書《れいしょ》で「甲州」と書かれたデザインを提示されました。

原研哉さんデザインの「甲州」ラベル

あがってきたそのデザインは、版画の技法が取り入れられ、ラベルの地合い（質感）に独特のムラが配されていて、非常に繊細で日本らしいシンプルさが漂っていました。余白部分にさえ主張が見られましたが、あまりに斬新でお客様の目にどう映るかが少し心配でもありました。実際、近しいソムリエなどからは「もう少しフランスで言われているテロワール*を強く打ち出したらどうか」という意見もありましたが、原さんはこの点は譲られなかったので、私も熟考の末にそのまま採用させてもらいました。

そこはやはり原さんの慧眼《けいがん》で、このラベルがいまやわが社の〝顔〟となっています。

KOJでも、統一のロゴマークを含むデザインを早速手がけることになりました。加盟ワイナリー各社が審査員となり協議を重ねて、日本を代表する意味合いで、富士とワイングラスを重ね合わせたシンプルなデザインを採用しました。

また、リンMWの助言を受けて、和食に代表される繊細な料理と甲州との相性や日本のイメージに合う和のイメージを基本コンセプトとして、コンセプトキーワードを「CLASSY」、カタログやパンフレットに使用する

＊テロワールとは？
ブドウが育つ環境を左右するその土地の土壌や気候など。

ＫＯＪカラーを甲州の色合いをイメージしてピンクとしました。

日本側のプロデューサーである小笠原結花さんは、リンＭＷとも親しく、英語で十分なコミュニケーションが取れるうえ、かつて英国に在住していた経緯からロンドン事情に詳しく、ワインの評価やデザインのセンスにも長けていて、ひと役買ってくださいました。

ちなみに、これらのプロモーション費用は、国や県などからの助成金もありますが、財産として残る設備投資も含めて各ワイナリーが負担し、主体性をもって取り組んでいます。

市場に鍛えられる 大成功に終わったハイエンド市場・ロンドンプロモーション

２０１０年1月12日〜15日、29年ぶりの寒波に見舞われるなか、初のＫＯＪロンドンプロモーションが実施されました。

初日は、イギリスに在住している日本文化に関心のある方々の団体「ジャパン・ソサイエティ」を対象に、ＥＵ向け甲州の最初のプロモーションを日本大使館のボールルームから発信しました。日本大使館の力添えもあり、当初の予定人数をはるかに上回る約250名の参加がありました。日本から出向いた15ワイナリーのオーナーたちは、その内に秘める甲州への思いを一気に開かせたのです。

翌日の在英日本商工会議所賀詞交歓会では、各ワイナリーが甲州のブースを設営しました。場内の別コーナーにクラレットやスコッチが用意してありましたが、手を伸ばす人は見受けられず、300名近い来場者が片手にするグラスは甲州一色です。前日に引き続き、甲州は大好評でした。

最後は、ジャーナリスト、インポーター、ワインショップ、料飲店関係者などに対する最大のテイスティング会を、イマジネーション・ギャラリーで開催。29銘柄の甲州に対し130名以上のワイン関係者が集まり、「繊細で上品な香り」「爽やかでドライ、ヘルシーなワインとして健康志向の消費者に好まれる」「繊細な味わいの料理を引き立てる」などと高く評価してくれました。

同時に、彼らはビジネスとして甲州や私たちに真剣に向き合っています。「繊細なワインなのに、どうしてスクリューキャップにしないのか?」「いつからロンドンで甲州を入手できるのか?」「ロンドンでの実勢価格はいくらになるのか?」という正直な声も寄せられました。

今こう書けば、順風満帆な船出のように思われるかもしれません。

しかし、実は初回に参加した15ワイナリーがすべて、ロンドンでプロモーションを行うことの真の意味を理解していたとはいえません。成功までのスタンスには、短期・中期・長期それぞれがあり、長期の道のりには二の足を踏むのが一般的です。

そこで思い出したのが、「ウメクリ植えてハワイへ行こう」というキャッチフレーズです。

これは大分県大山町《おおやままち》の復興のきっかけとなった、当時の農協組合長・矢幡治美さんが提唱したフレーズでした。１９６１（昭和36）年、山間部の大山町で、それまでの稲作に代わって梅や栗を植え、収益をあげて、みんなでハワイに行こうと農家の人たちの士気を高めたのです。実際平均所得は約30年で、19万円から３５０万円まで増えました。

そこで私も二の足を踏む仲間を促すキャッチフレーズとして「単なる旅行になっても構わないからロンドンに行こう！」と盛り上げたのです。

このプロモーションの効果は抜群でした。それまでの日本ワインの世界における知名度は惨憺たるものでした。まったくといっていいほど知られておらず、かつては悔しい思いを突き付けられました。しかし、3年間という短期間で、あっという間に甲州は世界のワインジャーナリストや醸造家に知れ渡ったのです。

プロモーションを開始してから7カ月後には、国際ブドウ・ワイン機構（ＯＩＶ）に「甲州」が品種登録されました。ＥＵ法のもとではＯＩＶに登録がないブドウは品種表示ができないため、これでラベルに「甲州」「ＫＯＳＨＵ」の品種名を表示できるようになりました。つまり、海外での知名度が低い**甲州が、ラベル表記により、ワインの性格を伝える重要な手がかりを市場に与えられるようになった**のです。

ただし、ロンドン市場で驚いたのは、我々がターゲットにしている市場のワインラベルすべてに産地が表示されていたことです。少なくとも産地・山梨の表示は必要でしたが、これが後の地理的表示・山梨（GI Yamanashi）につながっていきます。

２０１５年10月末、日本でも国産ブドウを１００％使用して醸造したワインのみを「日本ワイン」とするルールが国税庁より告示されたのは、画期的なことでした（２０１８年10月30日に施行）。たとえば、地名としてラベルに表示できるのは、そのブドウ栽培地で収穫されたぶどう85%以上を原料として使用した場合に限られます。

まさに願ってもないワイン法の誕生です。というのも、ワイン愛好家はこうしたワインに関わる産地を重視し、欧州をはじめ世界のワイン産地では細かく法律で定められています。一方、日本では表示ルールの法的整備が遅れ、原料ブドウの出所が不明瞭なワインに対して不信感が募っていました。さらに**日本ワインの産地に関する基準がまちまちである点は、海外市場からの信頼に応えるうえでも課題のひとつ**でした。

今回のルールもワイン産地までは踏み込まず、まずはブドウの収穫地に焦点を向けた内容にとどまりました。それでも、大きな一歩だ、と私はおおいなる期待をもっています。これを契機に、ブドウの収穫地が浮き彫りになるにつれ、日本のワイン産地も明確になっていけば、いまだおぼつかなくもある日本ワインの未来が照らされていくと確信します。

一方、ワインの代表的消費国であるイギリスではすでに、継承する伝統的価値観と公正な競争原理が働き、調和のとれた新たな価値観が生まれています。だからロンドンはワイン情報を発信し、その結果、A級ワインジャーナリストの坩堝《るつぼ》となっているのでしょう。

そんな彼らにロンドンプロモーションで毎年再会し、「甲州は毎年良くなっている」と言ってもらえることは、ＫＯＪメンバーにとって大きな励みでした。

なかでも、２０００（平成12）年に英紙『フィナンシャル・タイムズ』に「グレイス甲州」について寄稿してくれたワインジャーナリストのジャンシス・ロビンソンＭＷはその後も力添えをくださり、ロンドンプロモーションの翌月には日本で甲州の特別講演が実現しました。会場はロンドンに移りましたが、その後数年にわたって甲州の講演をお願いしてきました。

私たちは、「熱しにくいが冷めにくい」と評されるロンドン市場に、知らず知らずのうちに鍛えられました。もはや「ＥＵ法のワイン造りでは思うようなワインができない」などと泣き言を言うメンバーはいません。

ロンドンのようなハイエンドの市場でブランドを確立する意義は大きく、**世界市場においては「信用できるもの、信頼できるもの」がブランド**です。一貫性のあるブランディングを細部まで浸透させることが、世界市場で確固たる市場を得ることになります。すでに成長する東南アジアや中国からの引き合いも増しています。

　とりわけ、その最重要市場といえるロンドン市場が、２０１６年６月23日の国民投票で選択したブレグジット（イギリスのＥＵ離脱）と２０１７年７月６日に大枠合意した日欧ＥＰＡ（経済連携協定）により打撃を受け、その影響が日本市場に跳ね返るのは必至です。

　未来の様相は誰にもわかりませんが、ブレグジットがもたらすであろう英ポンド安と関税上昇は、世界第５位のワイン消費を衰えさせるでしょう。また、これからロンドン市場に締め出されるであろう世界のワイン生産ビッグスリーであるフランス・イタリア・スペインのワインは、日欧ＥＰＡにより日本市場を標的としていて、彼らとの競争はますます激しさを増しそうです。**県内のワイナリーが結束して輸出をすること自体が、新たな産地像を描く**ことになります。県ワイン酒造協同組合がＥＵ基準に適合したワイン造りを知るために、業界の勉強会に踏み切ったのもそのためでした。こうした国際化戦略が実を結び、先駆的な輸出がスタートしたことは喜ばしいことです。

　アジア圏への波及効果はその一例です。ワインコンサルタントの児島速人氏と国際ワインコンクールでのアジア部門を総括するチュン・ポーチョン氏の二人は、甲州の魅力に惹かれて甲州エキスパート委員会を設立し、これまでにアジア各国のバイヤーやソムリエ45名を甲州アンバサダーとして認定しました。山梨のワイン業界は山梨中銀地方創生基金の支援もあって、今年の2月に甲州アンバサダーを招聘。比較的小さなワイナリーを主体に、5ワイナリーの訪問と8社との商談会を行いました。

2018年秋に控える香港での甲州エキスパート委員会エキスパート認定試験への準備もあってでしょうが、甲州アンバサダーからの質問は輸出可能な本数からはじまり、ワイン造りのポリシーにおよぶ実践的かつ真剣なもので、甲州の伝道師となる誇りが、ひしひしと伝わってきました。ワインの本質をたどろうとする甲州アンバサダーからの質問は、輸出実績のないワイナリーをおおいに刺激し、世界基準に芽生えるワイナリーもありました。

こうした売り手側の自主グループが活動しはじめたのは、甲州の潜在的な魅力が開花したからといえましょう。思いもよらない出来事でしたが、アジア圏に限定されるとはいえ、海外拠点をもたない小さな生産者が、世界のワイナリーと渡り合うための力強い後ろ盾をもつことになります。

そのような世界からの期待に応えるには、経済の変動を踏まえたうえで評価基準のグローバル化により品質を向上させると同時に、甲州のアイデンティティを確実にする一層の努力が必要だと、あらためて身の引き締まる思いです。

質と量、追うべきタイミングを誤らない めざすはブルゴーニュ型か、ボルドー型か

「ジャパニーズワイン」といえば「日本酒」を指した時代からは大きく変わりました。今は甲州がオリジナリティを持ち味にして、日本ワインの一角を代表しているといえます。

ワインが国際商品である限り、海外への輸出は必須です。ワイン生産国で、輸出をしない国はほとんどないはず。自動車産業を例にしても、輸出は国益に跳ね返ってきます。また、海外で有名になれば日本で評価されるという、〝黒船効果〟ももたらされます。ただ、この副次的な効果だけに収束させてしまうのは、ワインが国際商品であるだけに残念です。

現在、日本のワイナリーはEU圏を含めて、およそ世界20カ国に輸出して

います。日本のワインがおいしいとか優れていると評価される限り、輸出は伸びると思いますが、現在はまだ**輸出比率の高いワイナリーであっても売上げの10％程度**にとどまっているというのが現状です。

一方、「国際化」というキーワードで考えたとき、原料ブドウの栽培現場はどうでしょうか。古くからの伝統産地では、久しく40歳以下の農業後継者を見かけなくなりました。かつての一面ブドウ畑の景観が虫食いとなり、荒廃農地が広がりつつあります。

海外に立ち向かうだけの高い品質を得るためには、現状を乗り越える方向性を見出すことがひとつの課題です。

中央葡萄酒としても、生産量も増やすべきなのか、むしろもっと質を上げるべきなのか、選択肢はいろいろあるでしょう。しかし、**世界で真剣に戦うためにはまず質を上げることが必須**でしょう。

というのも、現在**ロンドンにおける私たちのワインの小売価格は約20英ポンドと、かなり高価格帯**に位置しています。同レベルのワイン、たとえばアルバリーニョ（主にイベリア半島で栽培されている白ワイン）やシュナン・ブラン（ロワールの代表的な白ワイン）などは13英ポンド程度です。つまり、現在の価格帯と同レベルの味（質）を追求するか、あるいは現在同レベルにある競合価格帯の価格まで下げられるよう、ブドウの仕入れ・生産量とともにワインの生産量を上げて単価当たりのコストを下げるか、いずれかの道を探る必要があります。

考え方はシンプルだけれども、どちらの選択をするにしても一朝一夕に実現できないだけに、悩ましい問題です。狙うべき市場が国内外のどこにあるか、情報発信地である厳しいロンドン市場ははずせないにしろ、それ以外の市場に出す商品についてもロンドンと同等のものだけでよいのか、考えどころです。

ひとつ、**参考として思い浮かぶのは、フランスの二大産地**です。ブルゴーニュでは、ひとつの生産者単位が10ヘクタール程度であるのに対し、かたやボルドーではごく一部を除いて150〜200ヘクタールと一ケタ大きい生産量を誇っています。私たちは、前者のブルゴーニュ型で、小仕込みにこだわっていくのが妥当だろうと思いますが、日本全体にブドウが足りないなかで、簡単に決めつけてもいけないとも考えています。

さらにいえば、フランスを含む旧大陸のスタイルだけでなく、**新大陸のよ**

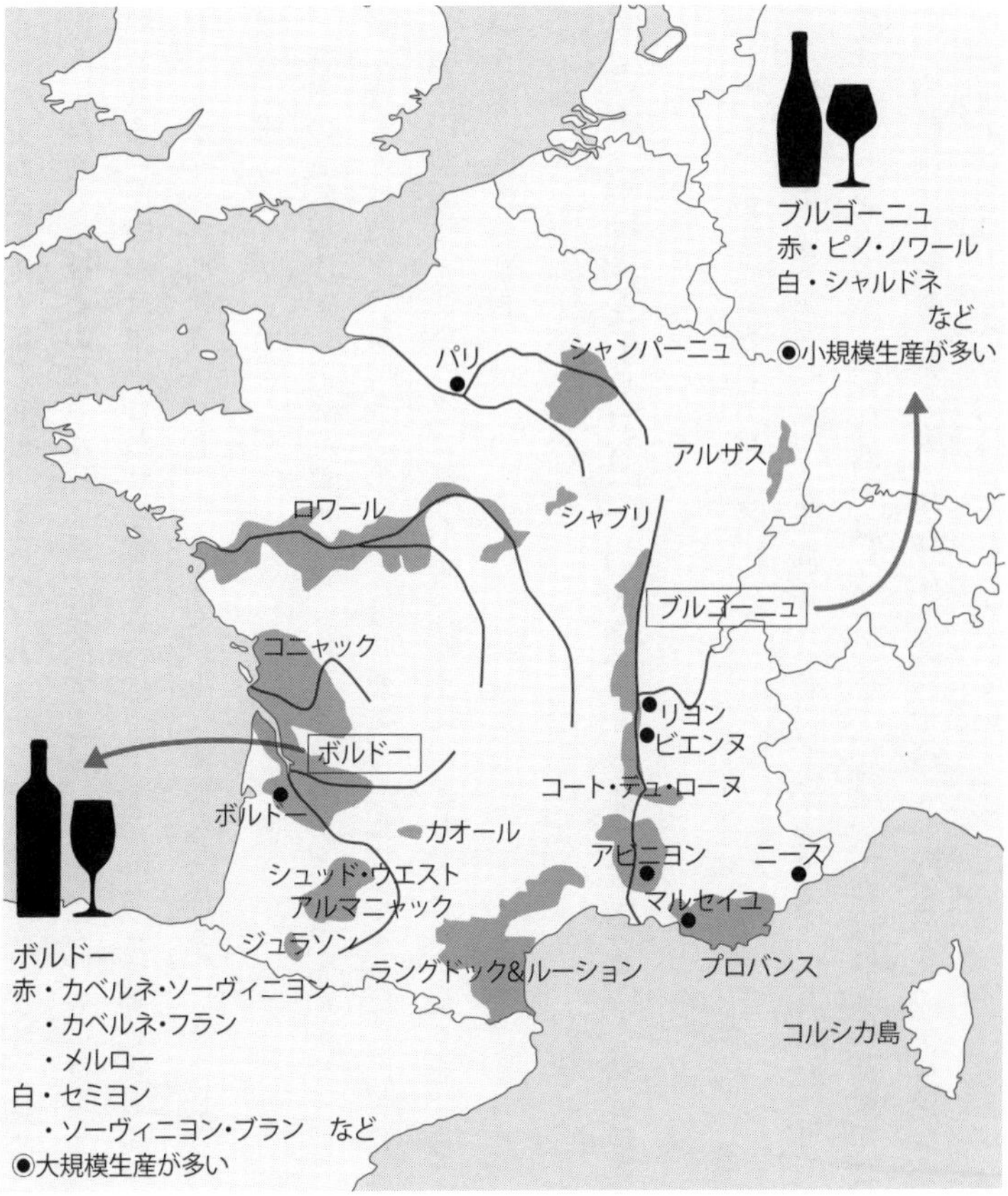

フランスの二大産地「ブルゴーニュ」と「ボルドー」

うに歴史が浅くても革新を続けるスタイルという選択肢もあります。両者を組み合わせて、**技術の視点からは新大陸的であり、ワインの味わいは旧大陸的である、といった組み合わせ**も考えられます。まずは、これまで確実性のもてなかった長期熟成に対して、今まで以上に価値を見出していきたいと考えています。

日本の気候風土では高い品質のワインは生まれないという宿命的風土論を乗り越えるために、私たちワイン業界は必死に努力してきました。国際化を契機に山梨のワインをさらに鍛え、真に風土に根差したワイン造りを深めていきたいと思います。

自立の精神を子どもに引き継ぐ

海外で学んだ子どもたちの帰還

わたしには子どもが二人います。

長男の計史《かずし》は、アメリカで6年間学んで帰国し、１９８８（平成10）年に分社化した北海道中央葡萄酒千歳ワイナリーの代表取締役社長に29歳で就任、原料確保から醸造・営業・総務など業務すべての舵を取り、小規模ながらグループ会社として経営に貢献してくれています。

設立当時は6つしかなかった道内のワイナリーも現在は30を超し、今や産地の顔となっているケルナーとツヴァイゲルトレーベとともに、多くのワイナリーがピノ・ノワールの成功をめざしています。北海道中央葡萄酒でもケルナーとピノ・ノワールでワインを造っており、「北ワインケルナー2015」は、2017年の日本ワインコンクール（JWC）で金賞を受賞するなど、地道な努力が報われはじめました。

同様に、山梨隣県の長野県においてもワイナリーは30を超えています。この地は早くから桔梗ヶ原《ききょうがはら》を中心にメルロの産地形成に成功したほか、北信地域のシャルドネも90年代後半から良くなってきて、これらは国内最高品質であるといわれています。長野のワイナリーの多くはブドウの自社栽培にも励んでおり、麻井宇介さんは、これをワイナリーの「自立」と称し、それが三澤農場の開墾へと導いてもくれました。

このブドウの栽培から醸造まで手がけるドメーヌの草分けといえば、私がワイン業界に入ったころは山形のタケダワイナリーがその代名詞でもありました。興味深いのは、日中の気候が山梨より暑いせいか、山形ではカベルネ・ソーヴィニョンのブドウの品質がよいことです。

2017年、勝沼と千歳のワインでJWC金賞を同時受賞した子どもたちと

本書冒頭の「はじめに」で自己紹介した長女の三澤彩奈は、計史の姉にあたり、中央葡萄酒の栽培醸造責任者を務めています。

正直にいえば、娘が栽培や醸造に携わることになるとは想像していませんでした。最近でこそ女性の醸造家をときどき見かけますが、体力的に厳しい仕事だからです。子どものころから蔵には出入りしていたので、ワイン関連の仕事でソムリエあたりになるかもしれないなとは思っていましたが、現状は嬉しい驚きといえます。

続く第Ⅱ部で本人が書いているので詳細は省きますが、彩奈は2004年に東京の大学を卒業し、山梨に戻って社員として働きはじめ、1年後にはフランスのボルドー大学醸造学部に留学しました。

私の大学時代と違って、彼女は「本場の醸造学を学ぶ」という目的が明確でした。留学先は非常に厳しい指導で知られ、定められた期間内で単位を習得しなければなりません。1年間の留年は猶予されるものの、それで単位を取れないと追い出され、他大学でも続きの講義を受ける資格がなくなります。

ボルドー大学のワイン・デギュスタシオン（利き酒）コース（通称DUAD）もこれまでに50人以上の日本人卒業生を輩出していますが、留学当時、資格を取る日本人はせいぜい年間1名いるかどうかと聞いていました。そのような厳しい環境のなかで、さらにブルゴーニュに出向き、上級ブドウ栽培・ワイン醸造士の資格を取得したのです。

醸造家たちの交流の場はあるけれど、核となるワインを学ぶきちんとした教育の場が、この日本にはありません。ですから、日本の醸造家にとっては海外での学びが情報収集の中心になります。そんなわけで、彼女に醸造責任者を任せても大丈夫だろうと思いました。

また、帰国後も仕込みのオフシーズンに寸暇《すんか》を惜しんで南半球へ飛び、ワイナリーで修行を重ねていました。日本の企業と違って、海外のワイナリーにはマスター・ワインメーカーと呼ばれる責任者がおり、大きなワイナリーとなるとその下につく4〜5人のアシスタントとして常勤以外のワインメーカーも研修半分で雇い入れるので、働きながら実地で学ぶことができます。それを6年にわたって続けていた経験とガッツも、信用できると思った理由のひとつです。

北海道や長野県を筆頭にして、雨後《うご》の筍《たけのこ》というわけではありませんが、嬉しいことにワインが好きでたまらない人たちによるワイン造りが日本各地で

日本の主な産地と主なブドウ品種

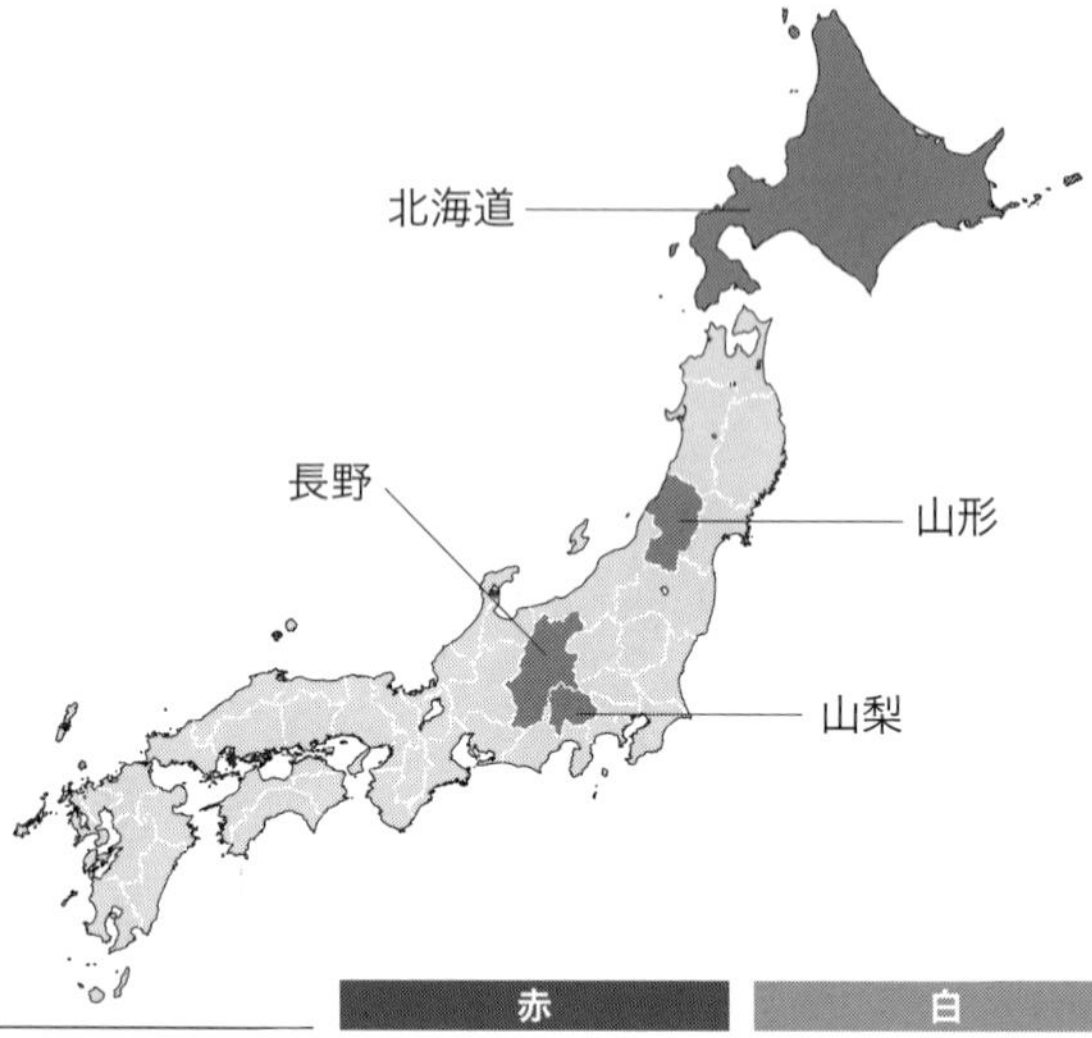

	赤	白
日本固有の主要ぶどう品種	マスカット・ベーリーA ブラック・クイーン ヤマぶどう	甲州
日本で栽培されている主要ワイン専用品種	カベルネ・ソーヴィニヨン メルロー ピノ・ノワール ツヴァイゲルトレーベ セイベル13053	シャルドネ ケルナー セイベル9110 ミュラー・トゥルガウ リースリング セミヨン
近年、日本で交配されたワイン用主要品種	甲斐ノワール 清見 ヤマ・ソーヴィニヨン サントリー・ノワール	リースリング・リオン リースリング・フォルテ 信濃リースリング 甲斐ブラン

出所:日本ワイナリー協会HP

はじまっています。

高温多湿である日本の気候は、決して優位とはいえません。ワインの品質を日本のこの気候のせいにしてきた造り手も、相当数いました。それを麻井宇介さんが「日本の気候風土では高い品質のワインは生まれないという宿命的風土論を乗り越えねばならない」をスローガンに、日本の造り手を励ましてきた。おかげで、全国各地にワイン造りが広がってきたのです。

ワインが好きであるという素直な心意気で、ワイン造りに参入してきた新規就農者は、過去の呪縛にまったくとらわれることなく、ワイン造りに情熱を注いでいます。**ワインの原料を入手するために、そこにブドウを植える。**ブドウ栽培からスタートさせるのは健全な考え方、かつ自立したワイン造りです。ワインの出来栄えはこれからというワイナリーもあるでしょうが、今後の経験を積み重ねて日本ワインの基盤を築き上げていただきたいと期待しています。

娘も、そのような呪縛にとらわれないひとり。わが子ながら頼もしく感じています。

第Ⅱ部

飛躍のとき

三澤彩奈

第4章 「夢」を追い続ける

風習にとらわれない　女性では珍しい醸造家になる決心

女性の醸造家は、世界でもまだ珍しい存在のように思います。相撲の「土俵」ではありませんが、「女性は蔵に入るべからず」という風習が、その一因かもしれません。わたしが子どものころは、日本に女性醸造家というものは存在しませんでした。

でも、わたしの家は厳格にそれを守っていたわけでもありませんでした。ですから幼いころから蔵に入って、祖父や父の働く姿を横目に見ながらラベル貼りや瓶詰めを手伝ったり、父が夜中にピジャージュ（赤ワイン発酵中に、顆粒の層を長い棒を使って上下攪拌すること）のため出て行くのを、こっそりつけて行って見ていたこともあります。

「箱洗い」という作業もありました。町にハウス栽培のブドウや路地のデラウェアが並びはじめると、いよいよ醸造の季節です。父のワイナリーからもブドウを摘む収穫箱を洗う洗浄機の音が聞こえてきて、子ども心にワクワクしました。

「きれいな収穫箱じゃないと、農家さんはきれいなブドウを入れてくれないんだよ」

そう言われ、収穫箱の隅を歯ブラシで一生懸命こすっていたこともよい思い出です。

子どもにとっては、父が海外出張から戻って聞かせてくれる土産話も刺激的でした。

父は、JICA（国際協力機構）の事業でブドウを育てるためブラジルに通っていた時期があったのですが、帰国すると「飛行機に1日以上乗って行くんだよ」「食事をすると必ずハエが飛んできて嫌になるけれど、ハエが止まらない食べ物のほうには逆に手が伸びない」などと、面白い話をしてくれたのです。それがとても楽しみでした。

ワインも、そうとは知らずに幼いころから口にしていました。

フランスの子どもはワインを水で薄めて飲むといいますが、わたしの場合は発酵中のまだアルコールにはほとんどなっていないものを、そのまま薄めずに飲んでいました。醪《もろみ》といって、アルコール発酵によって炭酸ガスが発生して、アルコールになりきっていない糖も残っており、甘くておいしいのです。ファンタのナチュラル版、といえば想像がつくでしょうか。

一方で、添加物や色素、化学調味料を使わない、薄味の伝統的な食事に慣れるようにも徹底的に躾けられました。

ワインのテイスティングはとても繊細なものです。アミノ酸や酵母エキスと表記される合成調味料の味を覚えてしまうと、舌が麻痺《まひ》してしまいます。自宅での調味料などは、「良い食品を作る会」という団体で取り扱われているものを使っています。今でも新幹線で出来合いのお弁当を食べたことがないし、飛行機の機内食なども控えます。チョコレートやコーヒー、カレーやキムチなどの刺激物も避けています。

「ワインに携わる仕事をしよう」と決意したのは、自然な流れだったように感じます。

わたしは幼いころから「甲州」に人生を懸ける祖父と父の姿を見て育ちました。今でこそグレイスワインは20カ国に輸出するまでに成長しましたが、ほんの25年前まで甲州はワイン専用品種としては尊ばれていなかったことを知っています。その**向かい風のなか、信念を貫く祖父と父の生き様が、わたしの幼少期に焼きつけられていた**のです。

母方の祖父は町医者でしたが、最後まで地域医療を全うする姿に憧れていました。

自分のいちばん近くにいる男性が、3人とも情熱をもって醸造家と医師という一生を捧げる専門職についていたことで、「仕事とはこういうもの」と自然に教わったような気がします。

振り返れば、**わたしのなかでは「家族」というものが常にキーとなっていました**。醸造家になったとき、父と同じ職業に就くことが純粋に嬉しかった気がします。

お客様の生の声に触れる

醸造家になる背中を押してくれた出会い

父が甲州のポテンシャルを信じたように、わたしにも甲州の可能性を見出したひとつの出来事がありました。

2002年ごろ、父がマレーシアのホテル「マンダリン オリエンタル クアラルンプール」にある「ワサビ ビストロ」というレストランで、「グレイス甲州」のプロモーションイベントを行うことになりました。

ここはモダンスタイルの日本料理を出すお店で、それまでもワインを納めていたのですが、イベントは初の試み。父が「一緒に行かないか」と誘ってくれました。そのころ、わたしはあるNGO（非政府組織）に関わっていて、ボランティアでアジアに行く機会が何度かあり、マレーシアという国にも興味がありました。

イベントは、お料理とワインを組み合わせたディナーコースを、プレス関係者や評論家、ワイン愛好家などのお客様に味わっていただくというものでした。

おかげさまで、皆さんの反応は非常に好意的でした。

今でもそうですが、**海外では日本でワインを造っていることを知らない方がほとんど**ですから、その事実がまずサプライズをもたらします。しかも、そのワインが思いがけずおいしいと、さらなるサプライズとして、皆さんに

マレーシアにあるレストラン「ワサビ ビストロ」にて

大きな印象を残すのです。

さて、イベント翌日にレストランから招待され、父と食事をしていると、女性のソムリエから「ご紹介したい方がいます」と声をかけられました。

紹介いただいたのは、旅行で同ホテルに宿泊していたベトナム人女性とヨーロッパ人男性のご夫婦でした。彼らはわたしたちの「グレイス甲州」をたまたま飲んで気に入ってくださり、3日間同じレストランに通い詰めて毎晩1本空けている、というのです。

奥様は、父がそのワインの造り手だと知ると、たいそう喜んで褒めてくださいました。

「このワインは、味もラベルもボトルもすべてが日本らしい」

旅行中だったら、いくらでも行きたいレストランはあるのだろうに、「ワサビ ビストロ」に通い続け、「グレイス甲州」を二人で楽しまれているそのお気持ちをありがたく思いました。そして、ご夫婦のおかげで、甲州の魅力を再発見することができたのです。

甲州で造ったワインは、日本の文化を秘め、語る——。

そんな可能性を感じ、みずからの人生を甲州に懸けてみたくなりました。

このクアラルンプールで起こった一連の出来事は、わたしのワイン醸造家としての土台になっているように思います。それは、醸造家として「日本」というアイデンティティをワインに表現する喜びに触れただけではなく、父の振る舞いに、ワインへのまっすぐな愛情を感じました。

海外ではどんなに有名なレストランがほかにあっても、父は食事をするとき、まずは自社のワインを置いていただいているレストランを選びます。たとえ海外で日本食を食べることになっても、イベントと同じお食事を再度食べることになっても。今のように、**日本ワインが注目される前の苦しみは、わたしのDNAにも染み付いています**。だからこそ、ワインを扱ってくださっている方々に感謝の気持ちを忘れてはいけないのだと、あの夜、父は教えてくれたのだと思います。

世界との差を知る

引き出された甲州のポテンシャル

2004年3月、わたしは中央葡萄酒に入社しました。最初の1年間は、醸造や栽培だけでなく、販売まで、できることはなんでもしました。

この年は、中央葡萄酒にとってもわたし自身にとっても、転機となる出来事があった年です。

第3章で父も書いているとおり、フランスのボルドー大学醸造学部のドゥニ・デュブルデュー教授が甲州を醸造する「甲州プロジェクト」がスタートしました。「甲州を世界的な銘醸ワインに」をテーマに、ワインスクールのアカデミー・デュ・ヴァン（ミレジム社主催）が呼びかけて発足したもので、わたしたちのワイナリーが指定醸造所に選ばれたのです。

事前調査と試験室での分析を経た後、糖度18度のブドウを確保していましたが、デュブルデュー教授は、まずはブドウ畑を見たいとおっしゃり、確保していたなかから特定のブドウ畑を指定しました。そして、EU法に基づいたワイン造りを指導してくれました。

世界的な白ワイン醸造の権威によって、科学の力を借りながら、真摯なワイン造りの追求と緻密で丁寧な作業で、まさに甲州に世界の物差しが当てられる貴重な機会となったのです。栽培のあり方、醸造の技術、世界における甲州の位置づけなどを学ばせていただきました。

デュブルデュー教授は甲州について「総体的に上質であり、ソーヴィニヨン・ブランと同質のチオール化合物のアロマ・プレカーサ（香りの前駆体）が存在しているなど、さらに品質が向上することを確信している」と述べたうえで、現状は「アロマが弱い」「渋味が強い」「酸が少ない」など、香りと味わいで問題があると指摘されました。これからの課題として、「現在の栽培法は、醸造用には不向きだと思う。もっと収量を制限することやボルドー液を使用しない方法など、ブドウの凝縮度を高めるための栽培法を確立する必要があるのではないか」と提示されました。

さらに醸造法についても、収穫期、補糖、補酸、酸化防止などについて問題点を提起されました。

わたしはとにかく、デュブルデュー教授の醸造技術に心から感動しました。**それまでわたしが知っていた醸造とは違う、非常に科学的なもの**だったからです。

残念ながら当時の日本の多くのワイナリーでは、「経験的なワイン醸造法」が主流でした。いわば勘頼りで、学術的な裏づけはほとんどありません。わたしの父も理系出身なので、できるだけ科学的なアプローチを試みてはいましたが、当時の日本ワイン業界には、それだけ情報が少なかったのだと思います。

デュブルデュー教授の醸造には曖昧さがまったくなく、常に「こういうワインを造りたい。だからこうする」という論理と方法が明確に存在しました。それはとても計算されていて隙《すき》がなく、目分量など許さない、徹底して科学的に管理されたものだったのです。

世界に通用する高品質のワイン造りには、科学に裏づけされた醸造学、栽培学、品質管理が必要なのだということを、まざまざと思い知らされました。

特に驚いたのは、補糖と補酸をまったくしなかったことです。

甲州は当時、地元では補糖が必須と決めつけられていました。でもデュブルデュー教授からは「ブドウの最低糖度はこれくらいなくてはいけない」「もし補糖するのなら、12％は超えてはいけない」という具体的な教えを受けました。

また、フリーランジュース（自然流下液・一番果汁）だけで造ったことも驚きでした。

一般的には、フリーランジュースを採った後に加圧圧搾してプレスジュース（圧搾果汁）を採り、そのプレスジュースも混ぜて造ります。でも、教授は補糖も補酸もなしでフリーランだけ、ビールでいうところの一番搾りだけで醸造したのです。その味は非常にナチュラルで、甲州のポテンシャルがさらに現れたという感触をもちました。

さらに、アロマ・プレカーサーを酸化させないために炭酸ガスを使用することも教えられました。

父も書いていますが、当時は酒税法で炭酸ガスの使用は認められておらず、テレビでこの件が放映されるや税務署から「これはワインではない」と指摘を受けました。それには驚きましたが、同年秋にはそれを認める通達が出されました。ワイン生産国において、炭酸ガスのような不活性ガスを使用できない国は無く、日本のワイン業界にとって非常に大きな進歩になるだろうと感じました。ほかの不活性ガスでは、いまだアルゴンの使用は認められていません。アルゴンは、窒素に比べ、酸化に対してより効果的と考えられますので、こちらの使用も認可されることを願っています。

デュブルデュー教授はわたしたちに、ただワインを造るのではなく、「良いワインを造ること」を徹底的に教えてくださったのです。

こうして2005年4月、「キュヴェ・ドゥニ・デュブルデュー　2004」

という新しいタイプのワインが完成しました。

デュブルデュー教授は、当時すでに〝白ワイン醸造の魔術師〟というニックネームが付けられていたそうですが、まさに、その呼び名にふさわしい、衝撃的な味わいであったことを覚えています。

この「キュヴェ・ドゥニ・デュブルデュー」に対するお客様の反応は、アメリカの著名評論家、ロバート・パーカー氏みずからがアジアワイン初の点数を付けたことも手伝って、非常に大きいものでした。

まずは王道を基本から学ぶ

フランスへの留学で科学的な栽培・醸造を知る

「ワイン造りとは、ブドウの力を最大限に引き出してあげること」

デュブルデュー教授に教えていただいた最初の言葉です。

わたしはその教授が教鞭を執るボルドー大学ワイン醸造学部で学ぶため、2005年2月に渡仏しました。

渡仏したとき、フランス語はパンを買うのが精一杯のレベルでした。大学で学びながら語学学校にも通いました。特に最初の半年は毎日いちばん前の席に陣取り、MDウォークマンで録音した授業の音声を下宿で聞き直し、日々の授業についていくのに必死でした。

デュブルデュー教授は、世界中のワイン業界から惜しまれつつ、２０１６年に亡くなられました。初めて山梨で声を掛けていただいたときのことを今でも覚えています。

世界で最も高名なワイン醸造学の権威を前にして緊張していると、年齢を聞かれ、23歳だと答えると、「16歳に見えた」と笑みをくださり、「君は美しいワインメーカーだ」と緊張を解いてくださいました。わたしはそのころ、実家のワイナリーで働きはじめたばかりで、まだ一人前の醸造家ではありませんでした。それでも、教授に〝ワインメーカー（醸造家）〟と呼んでいただいたことが嬉しくて嬉しくて、ワインメーカーという言葉を何度も反芻《はんすう》しました。

留学して半年くらい経って、奥様と一緒にお食事へ誘っていただいたときのこと、教授は「君がフランス語を話している！」ととても喜んでくださいました。山梨でお会いした折には、片言のフランス語も話すことができなかったのです。「フランスの気に入ったところはどこか？」と聞かれ、咄嗟《とっさ》に、その日レストランに来るときに起こった話をしました。

「タッチの差でバスに乗れずに、あわてて追いかけて手を上げたところ、バスが止まってくれた。フランスには、サプライズがたくさんあります」

そう正直に答えると、声をあげて笑っていらっしゃいました。偉大な教授でしたが、とても素朴な方だったと思います。ボルドー大学醸造学部には、亡くなって何十年経っても、今でも語り継がれる伝説の教授たちがいます。技術も革新され、市場も移り変わっていくというのに、教授たちの書いた本が色褪《あ》せることはありません。デュブルデュー教授の授業を受けることができて、わたしは幸せでした。


ボルドー大学醸造学部のDUAD（Diplôme Universitaire d'Aptitude à la Dégustation des vins）というコースでは、テイスティングと醸造の授業が半々でしたので、実践する機会も多く設けられていました。みんなでワイナリーへ出かけることもありました。

クラスメイトは、ほとんどがワイナリー出身者でした。年齢は同世代から年上の方まで幅広く、フランス国内だけでなく海外からの留学生も多く在籍していて、目標を共有できるたくさんの友人に恵まれました。

特に仲が良かったのは、ナパの素晴らしいワイナリーのオーナー、ソーテルヌという甘口ワインを造っているシャトー・シガラス・ラボーのオーナー、そして大学を次席で卒業した友人の3人でした。

なかでもシガラス・ラボーのオーナーを現在務めているロールは、テスト前になると一緒に勉強をしてくれました。彼女の助けがなければ、大学は卒業できなかったでしょう。

ロールは、ソーテルヌ第1級に格付けされているシガラス・ラボーをお父様の家系に、ポムロールの歴史あるワイナリー「シャトー・ド・サル」にお母様の家系をもつ、生まれながらにして名門のワイン醸造家でした。ロールは、いつも〝ワイナリーの娘〟としての使命感や責任感にあふれていました。シガラス・ラボーは、大企業の買収が進むボルドーのソーテルヌ地区においても、家族経営を守っています。ソーテルヌの第1級に格付けされたワイナリーのなかで、今なお家族で経営されているのは、シガラス・ラボーともう1社だけと聞いています。ロールのご家族にお会いするたび、日本にいる両親や弟を想いました。

授業では、**子どものころから自分が見聞きしていたことがしっくりくる**というか、「父があのときああいうことをしていたのは、こういう理由があったんだ」などと裏づけられる感じがして、とても嬉しかったものです。

一方で、日本では特別に手をかけていると思っていたことがフランスでは当然だったり、日本のワイン造りがいかに遅れているかを実感したりして、ショックを受けることも多々ありました。

たとえば、醸造の授業で先生が「**収穫のタイミングは、分析だけでなく、ブドウを食べて判断**します。醸造家の仕事はまずそこからはじまるのです」と話しました。

山梨では当時、ほとんどのワイナリーが多かれ少なかれ農協からブドウを買っており、収穫は農家さんの都合に合わせなくてはいけないので、醸造家がブドウを食べて収穫期を決めることは不可能でした。本来、醸造家というのは届いたブドウを仕込むだけが仕事ではないのです。

こんな印象的なテイスティングの授業もありました。

テーマは「原料ブドウに含まれる糖分が、でき上がるワインのバランスに重要な役割を果たしている」というもの。ワインを造る過程で、発酵によってブドウの糖分はアルコールに変化するので、**白ワインの場合には酸味、赤ワインの場合には渋味と、アルコールの関係が、ワインになった際のバランスの良し悪しを決める**というのです。

その日、先生はワインを3つのグラスに注ぎ、わたしたちの好みを聞いてきました。もちろん、銘柄は知らされません。1つ目のグラスの赤ワインは、香りが弱く感じられたのと、少し線の細い印象を受けました。2つ目のワインは、渋みを強く感じました。3つ目は、果実の風味も豊かで、飲んでいて「おいしいな」と感じました。

議論を続けるわたしたちに、先生が種明かしをしました。実は3つとも銘柄は同じ。ワインに含まれるアルコール分を少しいじっていただけだったのです。手を一切加えていない2つ目のグラスのワイン（アルコール度数12・1%）に対して、1つ目は度数0・5%減、3つ目は0・5%増とのことでした。

実家のワイナリーの店頭に立ちはじめたころ、お客様との会話のなかで「バランス」という言葉が頻繁に出てきました。「このワインはバランスがいいね」と評されたワインのグラスには、なぜかいつまでもお客様の手が伸びたものでしたが、何と何のバランスがよいのか、わかっていませんでした。

ワインのバランスを決めるうえでアルコールが果たす役割の大きさを、この授業で身をもって実感するとともに、自分が経験的に捉えていたワインのバランスの仕組みを理論的に裏づけできました。

ボルドー大学での授業は、どれも貴重な授業でした。ひと言も聞き逃したくないという思いで聞いていた、デュブルデュー教授と、ジル・ド・ルベル教授の授業は、生涯忘れられないものになると感じています。

少し話がそれますが、醸造家、ソムリエ、ワイン業者や酒店の方々、そして消費者の皆さんが行うテイスティングは、それぞれ見方がまったく違います。**醸造家は基本的に、欠陥があるワインに対してあまりいい評価をしません**。たとえば、酸化しているとか微生物に少し害されているワインに対して、少し厳しく見てしまう傾向があります。これがレストランで働くソムリエの方には、たとえば「野性的」など、そのワインがもつ個性として捉えられることがあります。

ワイン業者や酒店の方々の場合は、幅広い消費者の方と接するので当たり前かもしれませんが、たとえおいしくても価格が高すぎると思えば、あまり評価してもらえません。

ここまでは全世界共通ですが、面白いことに、最後の**消費者の皆さんの反応というのは日本と海外では異なる**印象があります。

日本では、わたし自身はあまり好きな言葉ではないのですが、褒め言葉として「飲みやすい」という言葉がよく使われます。樽があまりかかっていないとか、スムーズとか、酸があまりないという状態です。

でも、**海外では、正統派のスタイルであれ、個性的なスタイルであれ、もう少し特徴のあるワインが好まれる**のです。あまり知られていない産地や品種のワインに、日本よりもオープンな印象があります。

専門家でも職業が違えば、ワインの見方は異なりますし、消費する方々にとっては嗜好品でもあるので、国籍や、食文化の違いなどによって、同じワインでも捉え方が違います。その一方で、数値化が難しい味覚の世界にもかかわらず、絶対的な良いワインも存在するような気がしています。それらは、果実の熟度、余韻の長さ、熟成のポテンシャルなど、醸造家が造りこむことのできない領域を備えているワインです。

ただ、絶対的に良いワインが、魅力があるワインに一致するかというと、それもまた違う気がするのです。**ワインには、飲み飽きない心地のよさや、ブドウ品種や土地の個性が魅力として現れていることも大切**なのだと思います。

教授やクラスメイトと訪れたシャトーでも、思い出がたくさんあります。

ボルドー地方のブドウの畑は中央を流れるジロンド川を挟んで、左岸と右岸に大きく分けられます。

右岸の銘醸地であり、世界遺産にも登録されているサンテミリオンの二大シャトー「シュヴァル・ブラン」と「オーゾンヌ」を訪問したときのこと。オーゾンヌの醸造場は、特に一般公開をしていないにもかかわらず、隅から隅まで清潔に保たれていることがわかりました。傍《かたわ》らに積まれた新樽に目を奪われていると、「ここでは毎年100%新樽に切り替えるんだ」という説明を受けました。


オーク樽をワインの熟成に用いるということは、ほどよい酸化を促し、オーク樽の香味をワインにつけられるなどの利点があります。この効果は、新しいオーク樽であればあるほど優れています。品種や産地によっては、一度使ったオーク樽のほうが、ブドウ本来の香りと樽由来の芳香のバランスが取れて、好まれることもあります。

かつて、甲州のポテンシャルを信じていた父は、新樽で甲州を貯蔵していたことがあります。「グレイス樽甲州 1997」が生まれたとき、こんな力強い甲州ができるのだと驚きました。このワインは、日本で行われた、インターナショナル・ジャパン・ワイン・チャレンジで、日本ワインの白部門において最優秀賞に輝き、世界的なワインジャーナリストであるヒュー・ジョンソン氏からトロフィーが手渡されました。しばらくして、「シャルドネなのか甲州なのかわからない」と、父みずからそのワインを批評しはじめました。香りや味わいが繊細な甲州は、新樽とは相性がよくないのだということを教わりました。

その数年後、オーク樽を使った甲州で「鳥居平畑 プライベートリザーブ2002」というワインができたときは、複雑な味わいにもっと驚きました。熟度の高い甲州を、オークの旧樽で発酵させたワインでした。どのワインにも、できあがるまでにはストーリーがあるものですが、「鳥居平畑 プライベートリザーブ2002」の背景には、父とひとりの醸造家の出会いがありました。

父が、辛口白ワインで有名なシャブリというフランスの白ワイン産地を訪ねたときのこと。その醸造家は樽を使わずに、素晴らしいシャルドネを造っていたそうです。父が樽を使わない理由を尋ねると、「1級畑ではないからね」と冗談交じりに話したそうで、父は帰ってくるなり、オーク樽に貯蔵していた甲州をすべてタンクに戻しました。「樽に対する謙虚さをもつ」ということをわたし自身も学び、それ以降、父の志を受け継ぎ、熟度の高い甲州に限り、オークの旧樽を使うようになりました。

数年後、偶然その醸造家を訪ねたのですが、父のことを覚えていてくださり、帰り際、シャルドネの苗木を頂きました。ボルドーのアパートで、シャルドネの苗を育てていたことを今でも思い出します。オーク樽を使った甲州は、そう遠くはない将来になくなっていくのかもしれないなと思ったものでした。そしてまた、父自身も、甲州の健全な発展のためには、自分自身の功績やスタイルにこだわる人ではないということがわかっていました。

現在、世界で流行しているワインのスタイルは、樽由来の香りが控えめですが、樽を使用した偉大なワインも存在します。わたし自身は、ワインを香るなり、「これ樽香が強すぎるね」という言葉を言わないようにしています。もちろん、オークチップなどでマーケティングを意識した造りのワインも存在しますが、**醸造家がオーク樽を使うというのは、ブドウが良いなどの、何かメッセージ性があることが多い**からです。

オーゾンヌのように、樽をすべて切り替えるというのは、特級の格付けを得ているシャトーでも稀なことです。清潔な醸造場、毎年切り替える新樽、新樽に見合う高品質のブドウ栽培といったすべてに、オーゾンヌのプライドを感じました。

ブルゴーニュへ拠点を移す

ボルドー大学醸造学部でわたしが受講していた課程では、テイスティングと醸造の授業が半々でした。初めは修了できれば満足という気持ちでしたが、栽培への興味がどんどん膨らんできました。

1年半の滞在ではありましたが、わたしが見てきたボルドーのワイン造り、ワイン産業とは、「**常に市場を意識した厳しさがある**」ということです。

ボルドーでは研究者とワイナリーの距離が近く、そこで得られる情報は、有用であり、信用できるものでした。醸造に携わる人たちも、さらに良いものを造ろうとする向上心が強くあるように思います。

ボルドーには、そのような風化しない厳しさが存在するように感じられるのです。現在、信州たかやまワイナリーで醸造責任者を務める、鷹野永一さんとは、ボルドー大で同級生でしたが、「(ボルドー左岸地区の)メドックには、なんともいえない重い空気が流れている気がする」とおっしゃっていたことがあります。そんな厳しさが重い雰囲気を作り上げているのかもしれません。

対する**ブルゴーニュは、わたしにとって長年、夢の土地**でした。深い歴史に加え、優れた生産者は神様と呼ばれ、特級と格付けされた畑のブドウから造られたワインは、宝物のように扱われます。

ボルドーとブルゴーニュ、世界の二大ワイン産地（109ページ参照）を、どちらも勉強してみたい。

そんな思いに駆られ、2006年6月、ボルドー大学醸造学部を卒業したのを機に、ブルゴーニュに勉強の拠点を移すことにしました。

わたしは、フランスでホームシックにはなりませんでしたが、日本に帰って早く甲州を造りたい、と思っていました。

そこで、ブルゴーニュで入学した専門学校では、通常2年で卒業するフランス醸造栽培上級技術者過程を「1年で卒業したい」と先生に申し出ました。外国人では1年間で必要単位を取った人はいないと明言されましたが、クラスメイトの助けもあり、なんとか希望どおり1年で資格を取得して卒業することができました。

思い返すとブルゴーニュでの1年は、ボルドー時代より孤独でした。ボルドーにいたころは市内在住で友達もいたので、勉強がてら上質なワインをみんなで購入してテイスティングするなど、充実した毎日を過ごしていました。

ところがブルゴーニュでわたしが住んでいたのは、村の住人が日本人どころかアジア人を見るのも初めてというような田舎町。アパートもないので、借りていたのは屋根裏部屋で、マコンといういちばん近い町まで10キロ自転車を走らせなければ、買い物にも行けません。ひたすら勉強の毎日でした。

そのようなひとりぼっちの日々を支えていたのは、「絶対に卒業する！」という強い信念と、ひとりの女性教師の存在でした。専門は生物で、当時学校長をしていらっしゃいましたが、わたしにとっては、フランスのお母さんのような方でした。20年間も同じシトロエンに乗っているとおっしゃっていました。わたしが**フランス生活で、いちばん素敵に感じていたのは、フランス人の古いものを大事にする精神**です。

日本人は、車も家も携帯電話も、なんでも新しいものが好き。でもフラン

“フランスのお母さん”である学校長との心安まるひととき

ス人は車であれば20年くらいは普通に乗るし、家も自分自身でペインティングしたりＤＩＹをしたりしながら長く住みます。

人生の楽しみ方を知っているんだな、そういう国だからこそ時を経ることで価値が増すワインというものがずっと受け継がれてきているんだな、と感じました。多くのものは、作った瞬間から価値が落ちると言います。しかし、造られたワインも、ブドウ畑も、時を経て、価値が上がっていくものです。

わたしが生まれ育った勝沼という町は、ブルゴーニュのボーヌという町と姉妹都市にあたります。**ブルゴーニュでの暮らしは、シンプルではありましたが、心豊かな日々**でした。先生と食事をしたり、日曜日にマルシェでおいしい野菜を買って食べたり、１０００円で友人から譲ってもらった自転車でブドウ畑を回ったりと、小さな喜びを大切に過ごしました。

「ラインガウ甲州」の話を聞いたのは、ブルゴーニュに住んでいたときのことです。ラインガウというドイツの白ワインの銘醸地に、日本から渡った甲州の苗木が植えられ、ドイツ生まれの甲州がすでにでき上がっていました。わたしは、その甲州と、若き醸造家のフランク・ショーンレーバー氏に会ってみたいと思い、週末を利用してドイツまでの夜行列車の切符を買いました。

まずはブルゴーニュからパリに向かい、そこでドイツ行きの夜行に乗り換える予定でしたが、ブルゴーニュからパリに行く電車が大幅に遅れてしまい、パリに着いたときには夜行列車が出発した後でした。そこで、翌朝、始発電車でドイツに向かうことにしたのですが、その日はパリで一泊する宿を探さなければなりませんでした。

ところが、タイミングが悪かったのか、探しても、探しても、ホテルが満室なのです。夜もだいぶ遅かったこともあり、受付の男性に30ユーロを手渡し、小さなホテルの洗濯部屋で仮眠をさせてもらいました。その夜は、ほとんど眠れませんでした。一晩中、洗濯機の音を聞きながら、「もしドイツの甲州が、日本の甲州よりもおいしかったらどうしようか」などと、すっかり不安になっていました。

ドイツに到着し、目の前に広がった甲州の畑は、わたしの不安を一瞬で消し去ってくれるものでした。ラインガウは、リースリングというブドウ品種で名を馳せるのですが、小房のリースリングの畑の横に、甲州は植えられていました。それは、わたしがよく知っている、日本で見るままの甲州でした。

そのとき、異国で、ありのままの姿ながら実を実らせた甲州に、自分の姿を重ね合わせ、わたしも頑張らなくてはいけないと思ったのです。

ドイツでみたラインガウ甲州

志をいつも胸に　「グレイス」の名に恥じないワイン造りを

フランスに滞在した3年弱という月日は、どのように甲州を育て、守っていくかということを考え続けた日々の積み重ねでもありました。甲州のようなワイン用のブドウは、世界に1万以上もの品種が存在します。そのなかで、埋もれていってしまう品種も少なくありません。甲州を守るためには、質の高いワインを造り続けるうえで、甲州の魅力を最大限に引き出せるような環境がなくてはならないと感じていました。

わたしは当時主流になっていた醸造技術で、糖度や酸、香りを付加するような技術先行型の甲州に疑問をもち、ブドウ本来の味で勝負するという原点回帰を志していました。「醸造の技術で味を操作するワインばかりになって、もともと甲州がもっている香りや味わいがマスクされている。技巧を加えずに、個性的で力強い、複雑味のあるスーパー甲州を造ってみたい！」と強く感じていたのです。

第Ⅰ部で父が説明していますが、甲州はヴィティス=ヴィニフェラに起源をもちます。ヴィニフェラは、コーカサス地方に発祥した欧州系ブドウ（ワイン専用品種）です。

この分類は意外と大切で、コンコードやナイアガラなどは、アメリカ原産のヴィティス＝ラブルスカの系統に属します。ラブルスカ種からもワインを造ることはできますが、長い熟成に耐えられるような高名なワインを生み出すのは、ヴィティス＝ヴィニフェラでなければならないという共通認識が、醸造家にはあります。

甲州は、2004年、カリフォルニア大学デービス校の研究により、80%以上がヴィニフェラであることが発表されました。

そして2013年、甲州の遺伝子研究の第一人者である後藤奈美先生が、葉緑体のDNA配列を用いたSNPs解析により、71・5%をヴィニフェラ、母方の祖先が、東アジア系の野生種（いちばん近いものが、*V. davidii*）であることを学会で発表しました。* 後藤先生の言葉をお借りすると、甲州は、純粋なヴィニフェラではなく、ヴィニフェラと野生種の自然雑種と推定されることになります。

＊Goto-Yamamoto N, Sawler J, Myles S (2015) Genetic Analysis of East Asian Grape Cultivars Suggests Hybridization with Wild Wild *Vitis*. PLoS ONE 10(10):e0140841. Doi:10.1371/journal.pone. 0140841

祖父の三澤一雄は1993（平成5）年、わたしが中学生のころに亡くなりました。その**祖父が、甲州のことをよく「高貴な品種」と言っていた**ことを思い出します。

「品格」や「風格」というものをとても大切に思う人で、自分の造ったワインにも、美と優雅を司るギリシャ神話の三女神の名から取って「グレイスワイン」と命名しました。甲州がヴィニフェラを先祖にもつという事実は、わたしたち醸造家にとって大きな意味がありますが、甲州の遺伝子研究が進む前から甲州を高貴な品種であると信じた先人の姿も、忘れてはならないことだと思っています。

後藤先生の研究により、長い間、謎だらけであった甲州の祖先とその道のりが突き詰められました。ルーツだけにとどまらない、甲州の魅力とは、どんなところにあるのでしょうか。

甲州の繊細さ、上品さ、日本料理との相性のよさはほかの品種にはないものだと思います。父は、赤ワインを飲んだ後も、甲州に手を伸ばすことがありました。甲州が繊細な白ワインであることを考えると、赤の後に甲州に戻るのは、ワインのルールからはずれそうな気がしたものでしたが、大人になり、その気持ちがわかるような気がしました。甲州はボリュームのある赤ワインを飲んだ後でも、嫌味なく喉を通るのです。また、疲れたときに甲州を飲むと、身体に染み渡るような優しさがあるのです。

勝沼町で生まれ育った醸造家で、甲州が嫌いという方に出会ったことがありません。日本人が、お米の好き嫌いを議論することがないように、**甲州は、わたしたち、地元で育った醸造家にとって、家族のような存在**なのかもしれません。わたしは、この地で長い間淘汰されずに愛され続けた甲州を、「グレイス」という名に恥じないワインとして、これからも造り続けていきたいと思います。

〝新世界〟の柔軟さを取り入れる

南アフリカの大学院で革新を体感する

フランスからいったん帰国したわたしは、フランスに戻ってさらなる勉強を続けるか、実家のワイナリーで仕事を再開するか、迷っていました。

そんなとき、山梨県農政部が招聘していた南アフリカのブドウ生理学の第一人者、コブス・ハンター教授とお会いする機会に恵まれました。そこで、「ステレンボッシュ大学大学院で自分が教える単科があるが、1カ月間に集中しているので、よかったら来ないか？」と声を掛けていただいたのです。

ハンター教授にお会いする前から、南アフリカには興味がありました。ボルドー大学でも、栽培の講義時に南アフリカの資料を使うこともありましたし、何よりフランスのような伝統国だけではなく、南アフリカのような新興国でも勉強してみたいと思っていました。

ワインの生産は世界各国で盛んに行われていますが、その**生産国は大きく「＊新世界」と「＊旧世界《オールドワールド》」に分かれます。**

前者はその名のとおり、アメリカや南アフリカなど、ワイン生産の歴史が比較的新しい産地で新興ワイン国のこと。後者は、フランス、イタリア、スペイン、ドイツなどのヨーロッパや地中海沿岸など、ワイン造りの歴史が古い老舗国のことを指します。

後日、ハンター教授からいただいたメールを読んで、わたしは南アフリカに行こう！と決心しました。そこには「**新世界も、旧世界も、アプローチは違うけれど、そのゴールは同じだ**」と書かれていたからです。

こうして2007年9月、わたしは南アフリカのステレンボッシュ大学大学院で「ブドウ樹の生理学（ヴァインフィジオロジー）」を受講しました。

＊新世界（ニューワールド）とは？
アメリカ、南アフリカ、チリ、アルゼンチン、オーストラリアなどワイン造りの新興国

＊旧世界（オールドワールド）とは？
フランス、イタリア、スペイン、ドイツなどワイン造りの老舗国

南アフリカは、ワイン生産量世界第8位を誇り、こと栽培においては、世界でも最先端の理論と技術を有している国です。どのように土地の風味を出すかという思想的な分野においてフランスは他国を圧倒していますが、南アフリカでは、どのようなスタイルのワインを造りたいかという醸造家の意志が、明確に表現されていると感じました。

南アフリカはワインの業界では後発国なので、伝統にとらわれません。天候や気候任せにせず、科学的なアプローチで革新を起こそうとしていました。たとえば、西日が強いからと、西側の葉だけを残して、東側の葉を取ってしまうことがあります。専門用語では「除葉《じょよう》」というのですが、それは伝統的な手法で、誰も疑いません。でもハンター教授が見せてくださった論文のなかには、実際に東側と西側のブドウの温度を測ってみたら、東側のほうが高かったというデータもありました。

フランスでは、ときに国のワイン法が栽培方法を決定します。

「この産地では、こういう剪定《せんてい》方法を取ってください」「この産地では収量をこれだけ守ってください」など、ラベルに産地表記するためには、法律によってこと細かく決められているのです。

恩人のひとりであるハンター教授

一方、南アフリカにはそこまでの法律がありません。ひたすら良いものを造るために、新たな栽培、醸造法を積極的に研究していました。**南アフリカでの学びは、新たな世界を開かせてくれた**ようでした。自分のフットワークが軽くなる気がして、わたしは北半球と南半球との季節の巡り合わせを利用し、数年間は日本と南半球を行き来して、醸造の経験を積むことを決心しました。

日本に帰国するとき、ハンター教授からは「気候に恵まれなくても、日本人は苦言も漏らさず、実際にいいワインを生産してきている」との言葉をいただきました。また南アフリカの友人から、40年前は甘いスパークリングワインが主流だったという話も聞きました。はるか地球の反対側から、日本でワインを造り続けていくことへの勇気をもらえた気がしました。

後述しますが、その5年後、わたしは再び南アフリカを訪ねることになります。およそ2カ月間の醸造期、新進気鋭の醸造家であったダンカン・サヴェッジ氏のもとで修行をさせていただいたのですが、3日間だけハンター教授の研究室にお世話になりました。その年は、イタリア人とポルトガル人の女子学生がそれぞれ研究テーマをもち、ハンター教授に指導を仰いでいました。

3日間、彼女たちと大学寮の同室をシェアしていたのですが、わたしは初めて、留学生の学費と寮費をハンター教授が出していたことを知りました。「わたしも先生にお世話になっていたのでしょうか」と翌日教授に訊ねると、「ワイン産業の発展に必要なことだ」とおっしゃってくださいました。

デュブルデュー教授、ハンター教授と、わたしは指導者に恵まれました。偉大な指導者との出会いが、また素晴らしい指導者との出会いを運んでくださったのです。わたし自身もお二人の高い志を受け継ぎ、業界に恩返しができるような醸造家でありたいと思います。

第5章 新たな挑戦を恐れない

「不可能」といわれる問題に科学で挑む

再び垣根栽培への挑戦、そして苦闘

ワインの出来は原料のブドウで8割が決まるといわれています。この点はほかの酒類とは大きく異なり、やはりワインは農産物なのだと感じます。

父がまとめた第I部でも触れたとおり、甲州は伝統的に、「棚仕立」という栽培方法が主流でした。しかし現在、グレイスワインではこの風習を打ち破り、ヨーロッパで行われているような「垣根仕立」で甲州を栽培しています。

長い間行われてきた棚栽培を否定するつもりはありません。新興国から学んだ「どういうワインが造りたいか」と考えたとき、棚栽培ではなく、垣根栽培で挑戦するしかないと思いました。

父が甲州の垣根栽培に初めてチャレンジしたのは、1992年のこと。し

垣根栽培の甲州

かしそのときは残念ながら樹勢の強い甲州のさだめに逆らえず、結果として樹が暴れ、花ぶるい（結実不良）がひどく、結実しませんでした。

わたしがボルドー大学に入学した2005年、父は甲州の垣根栽培に再び挑戦します。2007年にフランス留学を終えたわたしは、父とともに垣根栽培にも本格的に取り組みはじめました。柔軟性をもち、海外の銘産地で行われている当たり前のことを三澤農場に取り込みたいと考えていました。

棚栽培では、1本の樹に対して、時に500房以上の実がなります。垣根栽培を行うことにより、10房や20房に自然に制限されることを考えると、棚栽培での収量の半分以下になることは、簡単に想像できました。その違いは、ブドウの凝縮度だけでなく、醸造したワインにも現れなければならないと感じていました。それこそが、ブドウ栽培からの一貫したワイン造りであり、わたしがデュブルデュー教授やハンター教授から教わったことの基本でした。

ワイン造りの場合、**ブドウに含まれる糖が、酵母によってアルコールへと分解されるので、ブドウの糖度が非常に大切**だという点は前述のとおりです。特に、醸造の技巧に頼らずにナチュラルかつ質の高い風味を求めるのであれば、**収穫したブドウには20度以上の糖度が必要**です。

ところが、他のヴィティス＝ヴィニフェラは糖度23度以上で収穫できるというのに、**一般的な甲州の糖度は16〜18度もあればいいほう**です。甲州には、糖度が上がりにくい性質があって、ある一定の熟度に達すると、ぴたりと動かなくなってしまうのです。

これが「糖度20度の壁」です。

甲州はこの壁を超えることが不可能といわれ、醸造中に糖を補う補糖*が余儀なくされてきました。補糖は、糖度が上がりにくい冷涼産地などで一般的に認められている醸造工程ではありますが、甲州の場合、本来のポテンシャルを花開かせることができていないのではないかと感じていました。そのポテンシャルのひとつが糖度であり、栽培という基本に立ち戻ることにしました。

ブドウは植樹してから3年で収穫を迎えます。垣根栽培に再挑戦した2005年のブドウは、2007年に無事に結実し、収穫することができました。

しかし、残念ながら、糖度は普通の甲州と同レベルでした。

その後も糖度を上げる可能性を探りましたが、2011年まで5年連続、

＊日本では補糖量を計算するとき、溶解実績まで含めた算出をします。簡単に見当をつけるだけであれば、「糖度×0・57」で計算すると、予想されるアルコール度数が出ます。甲州の場合、糖度が20度までいくとすると、醸造を経てアルコール度数が11〜11・5%のワインとなります。

糖度が20度を超えることはありませんでした。

　そのなかで、わずかに希望を感じさせてくれたのが、２００９年です。この年は、冷涼でありながらも秋雨がまったくなく、日本ではグレートヴィンテージと呼ばれるほどの年となりました。なかでも、カベルネ・ソーヴィニヨンとカベルネ・フランの出来に、父が「もう生きているうちに、このような年には出会えないかもしれない」と呟いたのを覚えています。

　この年の垣根栽培の甲州は、糖度は満足いかないまでも、その味わいは棚栽培の甲州とは違っていました。収穫が近くなると、醸造家は畑でブドウの味見を行います。そのたびに、凝縮度が高く、「ワイン用のブドウの味」と実感することができました。しかし、ワインにしてみると、果実で感じたほど棚栽培のものと格段の差は感じられませんでした。

　垣根栽培は剪定や新梢《しんしょう》管理などの手間もかかるので、コストも棚栽培を上回ります。

　自分の考えややり方が間違っているのかもしれないと、不安や焦燥の消えない、辛く苦しい日々を送りました。

若さに甘えず経験量を倍に増やす　日本と南半球を行き来しながら武者修行

ワインを造る会社のことをワインメーカーと言いますが、そこで実際にワインを造る人のこともワインメーカーと呼びます。

フランス留学と南アフリカへの留学を経験したわたしは、「新世界をもっと見てみたい。醸造の違いをもっと知りたい」という気持ちを大きくしました。そこにはもちろん、甲州の垣根栽培を成功させるヒントをつかみたいという思いもありました。

ヨーロッパを中心とする伝統国のワイン造りは、どちらかというと歴史と風土を重んじ、「どのようにワイン産地や、ブドウ品種をワインに表現するのか」というところに焦点が当てられます。一方、オーストラリアや南アフリカなどの新興国では、優れた技術力から「どういうスタイルのワインを造りたいか」ということが重視されています。

日本のワイン造りにはこの両方の考え方を生かしたいとかねてより思っていたわたしは、海外の20代の醸造家に倣《なら》うことにしました。

世界には、ワイン産地を飛び回って各地でワイン造りを行う醸造家がいます。日本では珍しい存在ですが、**欧米では一般的で、若い20代の造り手が世界を行ったり来たりして新しい知識や技術を会得**しています。

いわゆる〝武者修行〟です。

海外の多くのワイナリーでは、国外の醸造家や、栽培醸造を学ぶ学生を、醸造期のみ、3カ月程度の短期間受け入れています。「秘伝」という雰囲気はなく、「みんなで高め合おう」というオープンさがあり、わたしも尊敬する造り手や会ってみたい醸造家のいるワイナリーに履歴書を送り、承諾していただきました。

夏から秋にかけてのオンシーズンは日本でワインを仕込み、オフシーズンの春は南半球のワイン産地に行って現地のワイナリーで働く、という生活を2008年にスタートし、6年間続けました。

渡航先はニュージーランドを皮切りに、オーストラリア、チリ、アルゼンチン、南アフリカなどにおよびました。

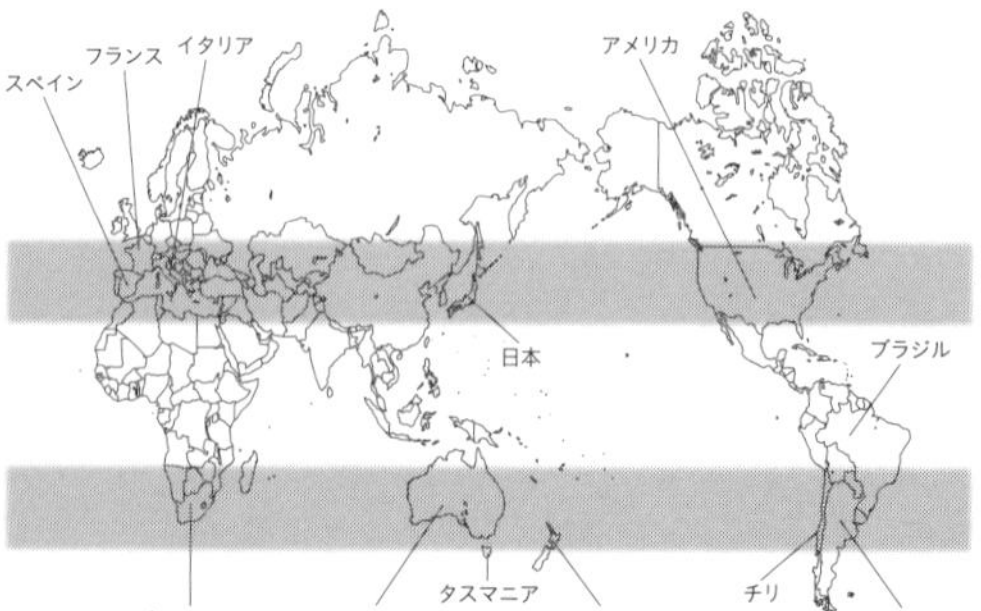

＊ワイン産地は北緯30°〜50°、南緯30°〜50°に広がり、この帯は「ワインベルト」とも呼ばれる。

ワインメーカーたるものを学ぶ：ニュージーランド

最初の年に訪れたニュージーランドの研修先は、南島ワイパラにある「マウントフォード」です。

南島のワイン産地ではセントラルオタゴが有名ですが、ワイパラは新しい産地として注目されはじめていました。なかでもマウントフォードは、主にシャルドネとピノ・ノワールを生産しており、40～120NZドルという優良価格帯ですが、大きな宣伝をしなくても、すぐに売り切れてしまうというワイナリーです。父が以前訪問しており、噂を聞いていました。現在は、マウントフォードのアシスタント・ワインメーカーであった日本人醸造家の小山竜宇《たかひろ》さんがオーナー醸造家となっています。

以前、イギリスで流通する5ポンド以上のワインのうち、8本に1本はニュージーランド産と聞いたことがありました。世界のワイン生産量において、ニュージーランドワインが占める割合は、0・3％にすぎないことを考えると、驚異的な数字です。当時、イギリス市場で売られるニュージーランドワインの85％が5ポンド以上で取引されていることから、「世界一健全なワイン産業」といわれていました。わたし自身が感じていたニュージーランドワインのイメージとしては、とにかくクリーンできれいなワインというものでした。

甲州にも、安いイメージは似合わない。ワイン造りだけに留まらず、ニュージーランドワイン産業のあり方も見てみたい。そんな期待から、ニュージーランドを希望しました。

マウントフォードでわたしが教わったいちばん大事なことは、醸造家としての自覚です。当時、マウントフォードの醸造責任者は、台湾出身のC・P・リンという名の盲目のワインメーカーでした。C・Pは、とても優秀な醸造家で、テイスティング能力も長けていました。醸造家という仕事は、理系の勉強を積むため、なかには驚く程計算が速かったり、物理や化学がものすごく得意だったりという人たちが多く、C・Pもまたそのひとりでした。「あれ、ちょっとポンプの音がおかしいかな」と思っていると、遠くにいるC・Pの声が飛んできます。そのくらい、味覚にも音にも敏感でした。醸造所のなかでも何がどこにあるか把握していて、補助なしで作業を行います。

ニュージーランドで、同僚のポルトガル人醸造家と

フランスに住んでいたときも、アルザスやブルゴーニュで醸造経験を積みましたが、当時は学生だったため、実際に、醸造家として働くのは初めてのことでした。夕食時には国内外の素晴らしいワインを並べ、醸造家どうしで議論をし合ったこともよい経験でした。

マウントフォードには、いつも自由な発想があり、C・Pのワイン造りは、王道と冒険が入り混じっていました。

大学を卒業したばかりの新米醸造家のわたしにとっては、**机上で学んだものと現場は異なる**のだということも感じましたし、C・Pは、ときたま起こるハプニングさえも楽しんでいるように見えました。そんなとき"I like winemaking"と言っていたことも印象的でした。

ニュージーランドのワイン産業を支えていると思われていたソーヴィニヨン・ブランを造っていない醸造家が意外と多いことにも驚きました。むしろ、シャルドネやピノ・ノワールに携わる造り手たちは、どこかマルボロというソーヴィニヨン・ブランの一大産地と一線を画しているように見えます。売れるものではなく、自分自身が造りたいワインを追求する、醸造家のプライドを感じました。

ニュージーランドワインの歴史は決して古くはありません。でもそこに、

自分の造りたいスタイルを信じる、確固たる醸造家の意思があるように感じられました。何もかもが未熟だった醸造家一年生を受け入れ、ワインメーカーとしての感性を育てていただいたことに感謝しています。

ワインメーカーの実践学校：オーストラリア

翌2009年2月は、オーストラリアへ4カ月間の修行に向かいました。

最初のワイナリーはハンター・バレーの「ブロークンウッド」です。「ブロークンウッド」のワインは、前年にニュージーランドで修行をしていた際にテイスティングする機会に恵まれ、印象深かったワインです。ブロークンウッドの醸造家とつないでくださったのは、ワインライターのデニス・ギャスティン氏と、ワインオーストラリア事務局の手島孝大さんでした。

この場所を選んだ理由は、ハンター・バレーがオーストラリアでも降雨量の多い産地として知られていたこと。**雨の多い日本のワイン造りに何かフィードバックできるのではないかという期待**がありました。

それからボルドーを発祥地とする白ワイン品種「セミヨン」にも興味を引かれていました。

セミヨンは貴腐ワインのイメージが強いですが、ハンター・バレーでは辛口、低アルコール、ライトスタイルに仕込まれ、熟成前はどことなく甲州を思わせる雰囲気があります。ある日、ブロークンウッドの売り場で働く女の子たちが、野菜などのライトな食事にさらりとセミヨンを合わせている様子を見てスタイリッシュに感じたのと同時に、甲州の楽しみ方のイメージも湧いてきました。

ブロークンウッドの修行で大きかったのは、醸造責任者であるＰＪとの出会いです。知識、経験、人柄、オーラ、どれを取っても素晴らしく、駆け出し醸造家にとっては憧れの存在でした。

研修がスタートして１週間が過ぎたころ、噂に違わず雨が降り出しました。３日経っても降り止まない雨に、ＰＪは落ち着いた様子で「このまま降り続いたら収穫できない。去年のシラーズのようにね」と言うのです。「**簡単に造れないから、いい**」。そう笑うＰＪに、ワイン造りが好きで醸造家を志した当時の気持ちがよみがえりました。

また、ＰＪと畑に行って、シラーズを味見したときのこと。「どう？」と訊かれたわたしは、おいしいという意味で「グッド」と言ったのですが、ＰＪ

ブロークンウッド滞在中に地元紙で紹介されたことも（右がＰＪ）

から「そうかな？　まだフェノリック（渋味が強い）だと思うけど」と返され、ハッとしました。求められていたのは、おいしいかどうかの感想ではなく、収穫のタイミングだったのです。醸造家として、未熟でした。

あとは、わたしがスニーカーで仕事をしていたら、ＰＪがワーキングブーツを買いに連れて行ってくれたこともありますし（今でもその靴を大切に履いています）、みんなから「スシ」とか「サムライ」などと呼ばれていたのも、いい思い出です。自分自身が、醸造家として少しずつ成長させてもらっているのを感じる日々でした。

活気があって、不安要素が見えない。１本１００ドルのフラッグシップワインだけに留まらない、安定した品質。クールな雰囲気。そして、ＰＪの存在。そのすべてが、ブロークンウッドが「ハンター・バレーの雄」として存在し続ける理由なのだと思います。

オーストラリアのなかでもハンター・バレーの収穫は早いため、ハンター・バレーでの醸造期が終わると、その対極に位置する西オーストラリアのマーガレット・リバーに向かいました。ハンター・バレーのセミヨンと、マーガレット・リバーのカベルネ・ソーヴィニヨンに興味がありました。

向かったワイナリーは、ＰＪから紹介された「ディープ・ウッズ」。ここでいちばん面白かったのは、若干30歳の醸造責任者のもと、若い醸造家たちがさまざまな試験醸造を行っていることでした。西オーストラリアは同国内でもとりわけ女性の醸造家が少ないようで、「女性の醸造家を今まで雇ったことがない」と言われたのは驚きでした。ディープ・ウッズに到着すると、オーストラリア人、アメリカ人、フランス人の醸造家がすでに働いていて、確かにみな男性でした。

ワイナリー側からすると、女性は正直扱いにくい面もあるかと思います。腕力も体力もないし、醸造家は同じシェアハウスに寝泊まりするので、気を遣うことも多いでしょう。仲のよいチームでしたので、たまの休みが重なると、大抵、彼らの趣味である釣りや狩りに同行していました。遊ぶときの活力も、働くときの集中力も、エネルギーが満ちあふれていて、初めて男性の醸造家をうらやましいと思いました。

ディープ・ウッズでの日々は、同世代の醸造家に囲まれた刺激的な日々でした。その一方で、わたしの仕事は、主に分析の作業でした。男性の醸造家は、細かい分析を苦手とする方が多く、逆に、腕力が少ない女性の醸造家は、分析を得意とすることがよくあるのですが、限られた期間内で、もう少し現場の作業に入っていきたいという気持ちもありました。そこで1カ月余りお世話になったディープ・ウッズを去ることにしました。

次に向かったのが「ウッドランズ」。ここでも1カ月少しを赤ワインの仕込みに費やしました。

オーストラリアに渡る前に、ワイン・エデュケーターとしても活躍される沼田実さんのご紹介で、良質なオーストラリアワインを日本に輸入しているインポーター「ファームストン」を訪ねました。石田博巳社長のご厚意により、ワインを何種類かテイスティングさせていただいたのですが、そのなかで特に心を惹かれたワインが「ウッドランズ」です。ウッドランズは家族経営のワイナリーで、当時20代だったワトソン家の兄スチュアートが醸造を担当、弁護士だった弟アンドリューはマーケティングを担当していました。

マーガレット・リバーは、オーストラリアのなかでも、優れたカベルネ・ソーヴィニヨンを生み出すワイン産地だと感じましたが、ボルドーのワイン造りとは異なっていました。しかし、**土地によって独自のやり方があり、それが土地のスタイルを築く**のだということを学びました。

ウッドランズでは、後にグレイスワインの海外輸出のきっかけとなるひとつの出来事がありました。ウッドランズの国内の販売を一手に担う「クオリティ・エステート・ディストリビューターズ」との出会いです。

たまたま、「グレイス メルロ」をワトソン兄弟にお土産として手渡したところ、「（ボルドーの）ポムロールみたいなワインだった」とおっしゃり、すぐ「クオリティ・エステート・ディストリビューターズ」のオーナーに電話をしてくださったのです。アンドリューが「すごくいい代理店だから、オーストラリアに輸出したら」と言うのを、そんなに簡単にいくものなのだろうか、と半信半疑に思っていました。オーストラリアのように、こんなに素晴らしいワインが自国でたくさん生産されているというのに、名も知られていない日本ワインが輸出されることが、イメージできなかったのです。

ただ、オーストラリアの国内市場を競い合うことになるかもしれないのに、自分自身の代理店を紹介してくださるアンドリューの寛容さをありがたく思いました。「良いワインなんだから、当たり前だよ」、そんなアンドリューの心意気を尊敬したものでした。

東のハンター・バレーから、西のマーガレット・リバーまで、4カ月の修行が終わったあと、シドニーのレストランを貸し切り、オーストラリアで知

シドニーで開催した「グレイスワインの会」

り合った方々をお招きして、「グレイスワインの会」を開催させていただきました。ワーキングホリデー制度を利用して行っていたので、働いたワイナリーからいただいたお給料で、オーストラリアでお世話になった方々に恩返しをしたかったのです。

この会を開催するにあたり、ボランテイアでお力添えをくださったのは、JAMS.TVの共同創業者の東郷まな氏と、前・日本通運シドニー支店長の古江忠博氏でした。オーストラリアでの4カ月にこのように貴重な経験ができたのは、お二人をはじめ多くの方々の善意がつながったことの賜物です。会の様子は、オーストラリアを代表するワインジャーナリストのHuon Hooke氏により、『シドニー・モーニング・ヘラルド』紙に掲載されました。その見出しは、"Easten Surprise"でした。

会には、ウッドランズの代理店オーナーもお呼びすることにしました。日本ワインを知ってもらえたらいいなと思い、ご招待したわけですが、まさか本当に事が動くとは思っていませんでした。

「ワインを輸入させてもらえないか」

その言葉に、わたしは何度も「本当ですか?」と聞き返してしまいました。お会いしたマット・クワーク氏は、ウッドランズや国内の優れた家族経営ワイナリーの代理店を務めるだけではなく、海外のクラフトワインも輸入しており、そのセレクションは、わたし自身も聞いたことのあるような品のよいワイナリーばかりだったからです。その彼のセレクションのなかに、グレイスワインが入れるとは到底想像がつきませんでした。

翌年には、1パレット（56ケース、672本）のグレイスワインが、オーストラリアに渡りました。これまで、マレーシアのケースなどは日本酒や日本食材との混載でしたので、**オーストラリアが、グレイスワインにとって本格的な輸出第一号**となりました。

オーストラリアから帰国した2009年、日本は何十年に一度のグレートヴィンテージといわれるほどの天候に恵まれた収穫となりました。

醸造期が終わると、わたしは次の南半球の修行先を考えはじめました。ニュージーランド、オーストラリアと修行を重ね、一度は南米のワイナリーで働いてみたいと思っていました。ちょうど、赤ワインだけでなく、チリ産の白ワインも注目されはじめていたころでもあり、次の修行地をチリと決め、スペイン語の学校に通いはじめました。

技術以外の大切なものを教わる：チリ

2010年2月27日、マグニチュード8・8の大地震がチリを襲いました。チリの経済状況は南米のなかで最も高い水準にあり、東欧と同等にあると聞いていましたが、実際には一家に車が1台もない家も多く、家をもてない家族もたくさんいました。

わたしがチリの首都サンティアゴの空港に降り立ったのは、地震の3週間後のことでした。修行先のワイナリー「エラスリス」に着くと、たくさんの樽が外に出されていました。地震の際に落下し、ワインが漏れてしまったのだとか。ほかにも崩れ落ちた階段や、凹んだタンクを見ると、地震の大きさをあらためて感じました。

わたしの利用していた宿舎も、最初は電気がつかず、お湯が出ませんでした。初めて部屋の灯りがついたとき、お湯のシャワーを浴びたとき、なんてありがたいのだろうと思ったことを思い出します。

エラスリスはチリワインの名門で、2008（平成20）年にはロンドンの

「インターナショナル・ワイン・アンド・スピリット・コンペティション」でベスト・プロデューサー・オブ・チリ・オブ・ザ・イヤーを受賞しています。一度はこういった**世界のトップを争うワイナリーで働いてみよう**と思ったのです。

チリは南北に長い独特な地形をしています。収穫期は3カ月間と長く、エラスリスでもワイナリーを1日中稼働させ、みな昼と夜のシフトに分かれて働いていました。

その人数たるや、ヴィンテージ中のみの季節労働者、農業学校や技術学校の研修生、海外からの醸造家も含めると、100人近く。海外からはほかに二人の醸造家が来る予定でしたが、被災後の影響もあってキャンセルとなり、わたしひとりでした。

英語を話せる醸造家も2〜3人でしたので、最初は言葉も通じず、最寄りのバス停まで歩いて2時間と離れた場所にある小さな町で、わたしは再び孤独を味わいました。そんななか、わたしを慰めてくれたのは、拾った子犬です。サンティアゴという名前を付けて、可愛がりました。

醸造家たちとの会話のなかで、印象に残っていることがあります。ある日、「彩奈は、ボルドーで学んだんだろう？　ボルドーのワイン造りはシンプル過ぎる気はしないか?」と聞かれました。

わたしは、それまで多くの新興国のワイナリーは、フランスのワインを絶対的な存在と捉えているものだと思っていました。しかも、チリは、カベルネ・ソーヴィニヨンで名を馳せており、カベルネ・ソーヴィニヨンといえば、ボルドーに憧憬の念を抱く醸造家が多いと信じて疑わなかったのです。しかし、実際、**チリの醸造家たちは、独自の道をいく革新者**でした。「十分の一の価格で、同じ品質のものが造れる」。そう続けるワインメーカーの横顔を見ながら、チリワインの強さに触れた気がしました。

エラスリスでは現場がピラミッド型になっており、作業の指示を出して取りまとめる醸造家《メーカー》と、実際に作業に入る作業員《ワーカー》とで、役割が分かれていました。仕込む量がとても多いので(そのとき仕込んだブドウの量は5000トン超)、醸造家が醸造作業に入ってしまうと、回らなくなってしまうのです。だからこそ、**醸造家の意志をどう作業員に伝えるかが難しい**。作業員のなかには日雇い的な感覚で働いている人もいます。自分がやっている作業が何なのかもよくわからず、指示書を見ながらそのとおりにやる。そこからすごくおいしいワインができることは知っているかもしれないけれど、いったいどんな魔法を自分がかけているのかは、まったくわかっていないでしょう。

　実際に作業員たちの生活に触れ、コストパフォーマンスがよいと称されるチリワインの裏には、作業員たちの厳しい生活があることを知りました。ワイナリーには、雇用を創出するなど地域貢献の役割もあるのです。エラスリスはチリでは5本の指に入る優秀な醸造家がそろっているという話でしたが、本当に優秀な方が多く、また**醸造家という仕事は、知識はもちろんのこと、経験や人柄も問われる職業**だと痛切に感じました。技術だけでなく、醸造家の姿も学ばせていただきました。

　チリに到着して3カ月もの間、雨がまったく降らなかったのも驚きでした。いつ雨が降るのですかと、ワインメーカーに訊ねると、「雨は冬の到来を告げるもの」とおっしゃるので、チリの凝縮度の高い健全なブドウは、太陽と乾燥した気候によってもたらされていたことを実感しました。

　帰国するとき、作業員たちが、寄せ書きをしたバンダナをくれました。「またチリに戻って来たいか?」と聞くので、「戻って来たい」と答えると、「みんな海外の醸造家はそう言うけど、誰ひとり、戻って来た人がいない」と言うので、これは日本人として必ず約束を守らなければいけないと思いました。

その2年後、わたしは無事に再会を果たしました。たった3カ月の滞在でしたが、別れ際、涙を流す彼らの姿を見て、チリという国がわたしの醸造家人生に与えてくれたものの大きさを感じました。醸造家は知識や醸造技術だけではないこと、ワイナリーはワインを造る醸造所だけではないことを教えていただきました。

30年の時の重さを実感した：アルゼンチン

2011年春の渡航先には、アルゼンチンを選びました。

東日本大震災の余震が続くなか出国し、到着したのは首都ブエノスアイレス。パレルモ地区には、トレーニング場と化した広場があり、ダンスやトレーニングをする人たちであふれていました。わたしも、これからはじまる醸造期に向けてトレーニングがてら、ブエノスアイレスの町を少し走ってみることにしました。日本庭園があったので覗いてみると、日の丸の張り紙にはしっかりと「Fuerza Japón!（頑張れ日本！）」の文字が。とても勇気づけられました。

ブエノスアイレスから飛行機で2時間弱のメンドーサ空港に降り立つと、

敷地内にはブドウの樹が植えられていました。再び、誰も知り合いもいない土地。それでも、ワインがあればきっとつながれる。ブドウの樹が、今年も大丈夫だよと言ってくれているような気がしました。

修行先は、アルゼンチンを代表する家族経営のワイナリー「カテナ・サパタ」です。オーストラリアのウッドランズで働いているときに、ワイン誌『デキャンタ』を何気なく開くと、その年の「ワインメーカー・オブ・ザ・イヤー」に選ばれていたのが、カテナ・サパタのオーナーであるニコラ・カテナ氏でした。そのときは、ただ憧れの存在で、まさか自分自身に修行をする機会が与えられるなど、思ってもみませんでした。

カテナは、アルゼンチンマルベックの先駆者として名高く、雑誌で読むニコラ・カテナ氏に、どことなく父を重ねていました。そして、わたしに、このカテナ・サパタで修行をするご縁をくださったのは、世界的なワインジャーナリストのジャンシス・ロビンソン氏でした。

実際に暮らしてみて、メンドーサは、とても興味深いワイン産地だと思いました。

ひとつは、メンドーサだけで**あらゆるワイン産地を表現できる地形がある**

こと。カリフォルニア大学デービス校のアダム・J・ウィンクラー博士によ
る産地区分によれば、世界のワイン産地は1〜5のカテゴリーに区分され、
1はブルゴーニュ、2はボルドー、3はローヌというように、数字が少ない
ほど冷涼な産地を表します。メンドーサの産地を見ていくと、この1から5
すべての気候を網羅するほど多様なのです。

まず、年間降雨量は200ミリ程度と雨が少なく、ブドウの病気が少ない産地です。およそボルドーの年間降雨量が800ミリ、ブルゴーニュが600ミリですから、世界の銘醸地と比べても、非常に雨が少ない特性があると思います。ただし、メンドーサには夏の嵐があります。

次に、**アルゼンチンのブドウ畑は高い標高に位置**しています。トロンテスという品種の栽培で有名なサルタというワイン産地では、標高2000メートル以上に位置するブドウ畑も存在します。メンドーサでも、1000メートル以上のブドウ畑というのも少なくありませんでした。日本では、山ブドウでもない限りは、標高1000メートル以上になると、寒さのため生きられないと思います。

標高が高いアルゼンチンの産地では、ブドウがゆっくり熟します。そのため、熟しはじめてから収穫するまでの時間を長く取ることができ、質の高い

タンニンをブドウの段階で手に入れることができるというのが、彼らがよく話していた強みでした。

さて、カテナは現在、四代目にあたるラウラ・カテナがオーナーを務めています。ラウラの父親であるニコラ・カテナは、メンドーサにおけるマルベックの先駆者として知られ、ラウラはその誇りを受け継いでいます。このワイナリーの姿は、甲州のパイオニアであり続けているグレイスワインの姿と重なります。

カテナでもチリと同様、**醸造家の仕事はスーパーバイザー**のようなものです。作業を決定するのがワインメーカーで、実際作業を行うのは作業員《ワーカー》になります。カテナで興味深かったのは、ワイナリー内に、カテナ研究所《ラボ》という試験醸造所があり、ワイナリーの醸造家とは別に、栽培や醸造が専門の研究員たちが配属されていたことです。彼らがそれぞれ研究テーマをもち、試験醸造した経験が、カテナのワイン造りに生かされるようになっていました。またそのデータなどを論文で発表し、業界へ貢献していました。

ラウラは、「20年前、いや10年前、アルゼンチンのワインが世界のワインに台頭していくなんて考えられなかったわ!」と言っていましたが、実際アル

カテナの仲間たちと

ゼンチンのワインは、前年にアメリカで初めてチリの総輸入額を上回りました。このときアルゼンチンワインのほうがチリワインより高価格で取引されていたようです。

アルゼンチンに出発する前、父からひとつの連絡先をもらっていました。

「誰かははっきりと思い出せないんだけど、メンドーサの造り手のアドレスだよ」

連絡を取ってみたところ、その人はメンドーサの「テンパス・アルバ」というワイナリーのオーナーということがわかりました。

テンパス・アルバは、マルベックのクローンセレクションで知られたところ。家族経営の小さなワイナリーですが、ワイナリーやワインのデザインがきれいですし、併設のレストランでは、おいしい食事を楽しむことができます。オーナーは、カテナの醸造責任者とも仲がよく、メンドーサの数あるワイン団体のひとつを任されているなど、メンドーサワインの発展にも努めている方です。わたしからの連絡には驚いたようですが、とても歓迎してくれました。

オーナーが父と出会ったのは、30年前。父がアルゼンチンを訪れたときのことで、いったいどのようにしてオーナーの連絡先を手に入れたのかは、父も思い出せないと言っていました。

「アルゼンチンワインは30年前からずいぶん変わったよ。日本のワインはどう？　甲州は？」

「日本のワインもずいぶん変わりました」

「あのころの甲州は、甘口が多かったね」

「今ではほとんど辛口になりました」

「あなたのような若い醸造家もたくさんいるの？」

「はい」

「それは良かった」

甲州という名前を覚えてくれたことが嬉しかったのと同時に、**アルゼンチンワインと日本ワインは30年間で違う時の早さを歩んでいた**ことを感じました。

今や世界の最高峰のワインにも選ばれるほどのアルゼンチンのマルベック。一方、日本ワインが歩んできたのは、試行錯誤の30年。これからの30年を思い描こうとしても、イメージが湧きませんでした。しかし、父が果たせなかった30年来の再会に、自分の30年後を重ねることはできました。「日本ワインは何も変わっていないじゃないか」と、新しい世代に言われないように頑張っていこう。そう決意を新たにした出会いでした。

産地の多様性を敬う：南アフリカ、アルゼンチン

２０１２年2月末からは、南アフリカで1カ月半、アルゼンチンで1カ月半の研修をしました。

南アフリカでの修行先は「ケープ・ポイント・ヴィンヤード」。南アフリカ出身で、マスター・オブ・ワイン協会の会長も務めたリン・シェリフ氏から「南アフリカの白ワインの生産者ならここ」と太鼓判を押されたワイナリーです。

南アフリカワインというと、シュナンブランとピノタージュのイメージが強いですが、ケープ・ポイント・ヴィンヤードのようにどちらも造っていないにもかかわらず注目されるワイナリーもあるのです。ソーヴィニヨン・ブランに魅せられた醸造家のダンカンは、ほかの南アフリカワインとはまったく異なるワインを造ろうと、注意深くブドウの観察を行い、細かいロットで仕込んでいました。

個人的に面白かったのは、ダンカンと仕込んだセミヨン・グリで、名前から想像されるように、ピンク色の果皮をしたセミヨンでした。ダンカンによれば「畑で変異した」とのことでしたが、味も香りもセミヨンでありながら、果皮だけがピンク色。思わず甲州を思い出して、嬉しくなりました。

「ヘルナマスピーターースフォンテーン」の醸造家のバルトは、2010年にダイナーズクラブの最優秀ワインメーカーに輝いたこともあり、ダンカンと並ぶソーヴィニヨン・ブランの名手といわれます。ワイナリーの場所は、ハーマニュスにありますが、畑はウォーカーベイに属します。

ここでも、1週間の研修を受ける機会に恵まれました。

特に印象に残っているのが、ソーヴィニヨン・ブランの貴腐ワイン造りに参加したことです。たまたまドイツ人のワインメーカーが研修に来ていたので、彼の指導のもと、貴腐ワイン造りの考え方、ブドウの選別の仕方、果汁の清澄*の仕方を教わりました。ボルドーでソーテルヌの造りに馴染みがあったので、それと比べるとかなりきれいに果汁を清澄するのだなという印象をもちました。

＊清澄とは？
発酵前の果汁、もしくは発酵後のワインの濁りを除くこと。

その後、ステレンボッシュ大学院でコブス・ハンター教授と再会し、栽培の指導を受けました。

前章でも述べましたが、寮ではポルトガル人とイタリア人の女子学生と同室でした。それぞれ「顆粒の大きさがワインの品質に与える影響」「サテライトを使った産地の分布」という、南アフリカをテーマにした論文を執筆中。「国際交流とこれからの南アフリカワイン産業の発展のためになれば」ということで、ハンター教授と研究所が二人を招聘し、飛行機代は研究所が、生活費はハンター教授が負担していました。ポルトガル人の女の子が、「6カ国語を話せるようになりたいんだ」と言っていたことをときどき思い出します。

家族を大切にする南アフリカでは、キリスト復活を祝うイースター（復活祭）休暇の前に、収穫を終えることが多いようです。南アフリカで意外にも早く醸造期が終わったわたしは、その足でアルゼンチンへと向かいました。

研修先は昨年同様「カテナ・サパタ」。南アフリカでは白ワインと触れ合う時間が多かったので、2度目となるカテナのマルベックが新鮮に感じられました。現場に入り、前年とはかなり違うワインに仕上がっていたのも驚きました。アルゼンチンというと、ワインは力強く、あまりヴィンテージの差

アルゼンチンでマルベックをピジャージュ

がなく安定しているようなイメージでしたが、夏雨がある点でチリとは異なり、気候の変動を受けることもある産地なのだと感じました。

マルベックという品種に誇りをもって取り組んでいるのがカテナです。オーストラリアのハンター・バレーのセミヨンもそうですが、旧世界の盲点をついて、ヨーロッパにないワインのスタイルを確立させているところに、ワインの多様性の面白さがあるような気がしました。

新世界の挑戦的な姿勢を実践する：オーストラリア

翌年の2013年は、オーストラリアのタスマニア州へ向かいました。高品質な瓶内二次発酵のスパークリングを勉強できる南半球というと、真っ先にタスマニアが浮かびました。

中央葡萄酒では2008年から瓶内二次を造っています。ただ、それまで瓶内二次製法に関しては机上の勉強しかしたことがなく、実戦の経験を積みたいと思っていました。スパークリングワインを造るためには、いくつか製法がありますが、瓶内二次製法が最も高度な技術が必要とされ、かつ偉大なスパークリングワインを造る製法とされています。逆に手軽に飲めるスパークリングワインの製法としては、でき上がったワインに、炭酸ガスを注入する方法などがあります。

しかし、シャンパンと同じ瓶内二次製法でスパークリングワインを造ったとしても、**フランスのシャンパーニュ地方で造られたワインしか「シャンパン」と名乗ることができません。**ほかのものは、製法が瓶内二次発酵だろうと、炭酸ガス注入であろうと、まとめてスパークリングワインなどと呼ばれます。

タスマニアはワイン造りがはじまって30年とのことですが、どこの地域にも素晴らしいワインを造っているリーディング・ワイナリーがあり、産地を引っ張っているのだとあらためて感じました。渡航する前、現在、ロックプールバー&グリルでヘッドソムリエを務める広瀬有希さんに、タスマニア修行について相談しました。すると、おすすめのスパークリングを数本送ってくださったのです。そのなかで、造りに共感できたワインが「ハウス・オブ・アラス」でした。オーストラリア人MWのアンドリュー・カイヤード氏にこのことをお話しすると、エド・カー氏とつないでくださいました。

修行先となった「ハウス・オブ・アラス」は、タスマニアでカリスマ的存

タスマニアのハウス・オブ・アラス

在だというエド・カー氏が醸造責任者を務めるワイナリーです。エド氏は『グルメ・トラベラー』誌の年間最優秀ワインメーカーに選ばれたことのある偉大な醸造家ですが、とても謙虚でシャイな方でした。

オーストラリアや南米のワイナリーのなかには24時間稼働しているワイナリーも多く、その場合は昼と夜とシフト制となります。ブドウがワイナリーに入ってくるのは夜と聞いたので、みずから志願して夜勤務となりました。ぐっと冷え込む夜の作業に耐えて、日の出を拝み、1日の仕事を終えるのも悪くない経験でした。

「ハウス・オブ・アラス」は、瓶内での二次発酵後、最低4年、長いものだと11年、澱と熟成させているものもありました。通常、**ノン・ヴィンテージ・シャンパンは、最低18カ月の瓶内熟成**と法律で決められており、収穫年がラベルに表記されているヴィンテージ・シャンパンでも、規定は最低3年です。アラスのように、11年の瓶内熟成を実践できるワイナリーはなかなかないと思います。そこが新世界の挑戦的な姿勢であるし、わたし自身も挑戦者でありたいなとつくづく思いました。

アラスで働いたことで、瓶内熟成の長いスパークリングワインを明野のブドウ畑から造りたいという気持ちは増々強くなりました。その想いが、

2016年のデキャンタ・ワールド・ワイン・アワードでのアジアワイン初のプラチナ賞受賞にもつながったと思います。

アラスのあとは、アラスと同系列ワイナリーである、南オーストラリアの「ティンタラ」で1週間研修させてもらいました。

南オーストラリアでのいちばんの思い出は、オーストラリア一のスパークリングワインメーカーであるアラスのエド氏と、オーストラリアで最も優れた白ワインメーカーといわれる「グロセット」のジェフェリー・グロセット氏を訪ね、二人と一緒にテイスティングをし、ワイン造りについて意見を交わしたことです。この二人の偉大な醸造家に恩返しができるように、これまで以上に努力してスーパー甲州を造りたいと心を新たにしました。

北半球と南半球のワイナリーを行ったり来たりの武者修行は、2013年を最後にやめました。正直に申し上げて、30代を迎えてからは体力の限界でした。醸造家は醸造期になると、寝る時間も、お風呂に入る時間も、ご飯を食べる時間も惜しんで、ワインを造ります。日本と南半球を行き来しながら1年中ワインを造り続けるなかで、自分の生活がどこにあるのかもわからなくなっていました。「キュヴェ三澤　明野甲州　２０１３」の誕生もまた、醸造家人生のひとつの区切りを予感させました。

南半球に渡りながらワインを造り続けた期間は、6年にのぼりました。この**苦しかった6年があったからこそ、今のわたしがある**のだと心から思います。そして、この経験は、わたしの財産となっています。

その後、２０１４年には、日本酒蔵で研修を行いました。再度、旧世界のワイン造りを見たいと思い、年に一度は、１週間程の短期間であっても、ヨーロッパのワイン産地をめぐっています。

また、２０１６年からは、父が設立した「山梨塾」でブドウの生理学や、発酵をめぐる微生物、ワインの香りや味わいに寄与する化合物などを復習しています。塾長である山梨大学客員教授の佐藤充克先生を筆頭に、同大学ワイン科学研究センター長の奥田徹教授にもお力添えをいただいてお二人を講師として迎え、月に4回ほど、わたしたち地元の栽培家、醸造家を対象に講義が行われます。武者修行はもうできなくても、一生、学びの機会を大切にしたいと思っています。

ひたすら自分自身の美学を

苦節7年目、糖度20度を超え光明を見出す

甲州は、香りが穏やかで、フレッシュ&フルーティ、軽快な辛口、というひとつのスタイルがあります。

しかし、ニュージーランド、オーストラリア、チリ、アルゼンチン、南アフリカと各地のワイン産地で修行中に、海外の優れたワインや醸造家に出会ったことで、やはり複雑味や厚みもなければ、と思うようになりました。嗜好が変わったわけではないのですが、甲州で造りたいスタイルがはっきりしたのです。

具体的にわたしが心に誓ったことは「三澤農場では、糖度が20度以下の甲州は摘まない」ということです。海外では当たり前のことなのですが、まずは凝縮した果実の味わいが必要だと思いました。

海外で経験を積んだことにより、逆に日本ならではの良さも明確になりました。日本での栽培醸造で徹底しているのは、細かな目配りと丁寧な作業です。ここに、日本人しか造ることのできない何かがあるような気がしました。

「熟成に耐えられるような凝縮度と、甲州特有の繊細さ」こそ、わたしの求めるワインの姿であり、日本らしいワインではないだろうか。それが6年の武者修行の末にみつけた甲州のスタイルだったのです。

わたしは、海外で学んだ新しい栽培法、醸造法を実家のワイナリーで試すということを毎年繰り返しました。

実際は、投資力や設備の大きな海外のワイナリーと、投資力の小さなわたしたちのような家族経営のワイナリーでは、違いが大きい。また、風土が違えば、まったく違うセオリーが存在するし、文化が違えば、方法も異なる。どれがベストというのではなく、どの国のワイン造りも、その土地ならではのノウハウが存在するし、そのノウハウには、必ず理由や背景があるので、リスペクトをするように心がけていました。

甲州に関しても、前述したように、三澤農場では垣根栽培で行っています。垣根栽培にすることで、葉が重なり合いにくくなり、光合成効率を上げ、糖度上昇を狙う。頭上を葉や房で覆われた状態よりも、風通しがよくなるので、病害を予防し、熟度を待つことができます。もっとも、棚栽培では、1本の樹に対して500房以上の房がなります。垣根栽培にすることで、1本の樹に対する房数を、摘房として切り落とすのではなく、自然に10房や20房に減らすことができます。あまり科学的ではありませんが、果実の凝縮度も高くなるはずだというのが、わたしの考えでした。

甲州を垣根栽培で仕立てるにあたり、いちばん考えなければならなかったのは、樹勢でした。樹勢が強い甲州の徒長《とちょう》（節との間が長く、間延びした状態）をいかに抑えて、果実を凝縮させるかがポイントでした。

そこで、南アフリカのコブス・ハンター教授にアドバイスいただいたリッジシステム（高畝式）を採用しました。水はけをよくするために、盛り土をし、その側面から水を蒸散させます。樹になるべく水分を吸わせないことで、徒長を抑えることに成功しました。

赤ワイン用ブドウの場合、風味を凝縮させるためにできるだけ水はけが良い土壌、痩せた土壌などで栽培して、樹にストレスをかける方法が主流なのですが、白ワインは水分ストレスをかける必要はないというのが一般的です。日本はもちろん、海外でも白ワイン用ブドウの畑で高畝式の畑は見かけませんでした。

とにかくやってみないとわからないという思い、そして、わたしたち醸造家は、**良いブドウを育ててこそ、良いワインを造ってこそ、という思いが常にあった**ように思います。

わたしは、山梨と南半球を行き来しながら必死の思いで醸造技術を習得し、農場では、農場チームと甲州の栽培技術を磨きました。次第に、適切な剪定、キャノピーマネジメント（新梢管理）により、甲州がきちんと熟すようになっていきました。そして、垣根栽培に再挑戦して7年目となる2012年、甲州の糖度が、ようやく「20度の壁」を超えたのです。凝縮度が高く、糖度があり、酸がしっかりしていて、それまでとは明らかに異なるものでした。長い道のりの末、やっとたどり着けたスタートに、言葉にならないほどの安堵を覚えました。

奇跡は努力の末に訪れた！
〝デキャンタ〟受賞ヴィンテージの完成

翌年の2013年、香港で開催されるアジア最大のワインコンクール「デキャンタ・アジア・ワイン・アワード（DAWA：Decanter Asia Wine Awards）」

で、「グレイス グリド甲州 2012」がデキャンタ史上初となるアジア白ワインの金賞を受賞、同時にアジア地域最高賞でもあるリージョナル・トロフィーも受賞しました。

GDP世界第2位でワイン生産量でも世界第7位を誇る中国や、ワイン生産国として著しい台頭を見せているインドやタイではなく、日本のワインが金賞を受賞したというニュースは瞬く間に世界に広がり、日本のワイン造りを広く知っていただくよい契機にもなりました。また、**長く「ニュートラル」という言い方をされてきた甲州が、このときから「ピュア」と表現**されるようになりました。

DAWA金賞受賞した「グレイス グリド甲州 2012」

同じ2013年、畑で奇跡が起こりました。枝変わりしたいくつかの優良な系統から、糖度25度の房や、通常よりずっと小さめな握り拳《こぶし》ほどの房が生まれはじめたのです。この狭い面積のなかで、これだけの系統が植栽されている甲州の畑は、ほかに存在しないでしょう。おそらく、自然変異をしたのだと思います。あのとき、わたしの想像を超える何かが起きていました。

わたしたちは、こうした「奇跡の樹」を苗木にして、さらに増やすことをはじめました。そのことによって、これからグレイスワインを受け継ぐ者が、どんな醸造技術を使ったとしても、畑の段階で「キュヴェ三澤 明野甲州」のオリジナルの味を造り出せるようになるのです。

後に「日本ブドウワイン学会」でも論文発表させていただきましたが、垣根栽培では棚栽培のものと比べ、粒も小粒になり、有機酸の組成も異なることがわかりました。甲州のポテンシャルが少しずつ花開いていくのを見るような、まばゆい思いでした。

このときのブドウを含めて醸造したのが、「キュヴェ三澤 明野甲州2013」。2014年6月、ロンドンで開催される世界最大級のワインコンクール「デキャンタ・ワールド・ワイン・アワード(DWWA)」で日本初の金賞を受賞したワインです。

わたしたちは8回のロットに分けて手摘みをすることで、適した熟期で収穫を行いました。

また、酸化しやすい甲州の第一アロマ(品種の香り)を守るため、窒素ガスを充填しながら圧搾する密閉式プレスを使い、できるだけ柔らかい圧力で搾りました。白ワインの場合、搾った果汁が発酵し、水などは加えずにそのままワインとなるため、果汁が良いことが何より大切です。

DWWAで日本初の金賞を受賞した「キュヴェ三澤 明野甲州2013」

こうしてついにナチュラルアルコールで11・4％、必須とされていた補糖や補酸はもちろん、シュール・リー製法も低温発酵も必要としない、追い求めていたナチュラルな凝縮度のある甲州が完成しました。

父が垣根栽培に挑戦してから実に20年以上を経て、**甲州に人生を懸けた父の魂が、わたしやチームの心を動かし、甲州の歴史を変える1本を造りあげた**のだとわたしは思います。それまでの甲州の概念を覆した新しい甲州が、ようやく世界中のワインに肩を並べられた瞬間でした。

第6章 さらなる高みをめざして

冷たい洗礼にくじけない

「日本でワインが造れるの？」と言われた日々

輸出をはじめて今年（2018年）で8年になりますが、最初のころは、「日本にワインがあるの？」とよく驚かれました。

最初の本格的な輸出国となったオーストラリアでは、日本でワイン造りが140年前にはじまっていることを話すたびに、「オーストラリアのワイン造りがはじまったころと、あまり変わらないんだね」と言われたものでした。在シンガポール日本国大使館の天皇誕生日レセプションで甲州を最初にサーブしたときも、注ぐ前から「これは日本酒か？」「梅酒か？」と質問攻めにあいました。日本でワインを造っているということが、世界ではまったく知られていないのです。

商社で10年務めた経験をもつ父とは違い、わたしは当初、輸出の重要性を理解していませんでした。ただ、海外でワイン醸造の基礎を学んだことにより、ワインがグローバルなものであるということはわかっていました。また、父が麻井宇介さんの言葉「日本のワインは、ロンドン市場で戦う厳しさがない」をいつも心に留めていることを知っていました。そして、何よりも、甲州のことを想うと、東京のような狭い市場で顧客を取り合うことに、未来を感じることができませんでした。

現在、グレイスワインは20カ国に輸出をしていますが、わたしの場合、何か戦略があったわけではないのです。近年の天候不順により、生産量はむしろ下がっているにもかかわらず、気づいたら輸出国が広がっていたというのが本当のところです。わたしにとっては、**良いものを造ることが何よりのマーケティングであり、戦略よりもワインに対する愛情が大切**でした。

新たな市場に入り込んでいくことに対して慎重だったわたしの背中を押してくださったのは、リン・シェリフ前マスター・オブ・ワイン協会会長でした。20カ国にまで輸出されるようになった背景には、リン・シェリフMWをはじめとする、世界中のプロフェッショナルとの出会いがあり、そのような、どんな困難も厭わない方々が、適正な方向に導いてくださったと思っています。

それぞれの輸出国のインポーターからは、互いを尊重できる関係を築く間に、多くのことを学びました。

「インポーターは、現地の外国人であることが多いが、まずは信頼できる人なのか？」

「ワインはどこで扱われるのだろう？」

「たとえワインリストに掲載されたとしても、そのレストランに、甲州をすすめ、説明できるようなソムリエはいるのだろうか？」

「古いヴィンテージが売れ残ってしまって、状態の悪いものが提供されて、甲州や日本ワインのイメージを悪くしてしまうことはないのだろうか？」

以上のような点を納得いくまで確認し、できるなら、お客様にワインが渡るそのときまで、責任をもちたいと考えていました。

しかし、現実は、ワインショップには「日本ワインは要らない」と飲んでもらえなかったり、レストランにはアポイントを取ってもすっぽかされたり……。心が折れそうになることも度々ありました。その一方で、**長い年月をかけてブランドを築いてきたほかの国々に比べたら、それも当然の洗礼**だろうと思うわたしもいました。消費者からの信頼を得ることの困難さを実感する日々でした。

ときには、政情に翻弄されることもあります。

甲州にスター性を見出したロシア人のワインエデュケーターが、ロシア在住のワインジャーナリストや、インポーター、有力なバイヤーを引率して、グレイスワインまで視察に訪れてくださったことがありました。「売れるものではなく、売りたいものを。ロシアのワイン業界に革新を」と言うエデュケーターの情熱に心を動かされ、輸出を決めましたが、その後政情が不安定となり、しばらく取引のない状態が続きました。輸出国が増えるにつれ、**ワイナリーを守るためには、世界中の情勢に敏感でいないといけない**のだと感じました。

市場の冷ややかな洗礼を受けるなかで、ある日、経済産業省から在シンガポール日本国大使館に出向していた書記官の方がこうおっしゃいました。

「競争力のあるメーカーを応援したい」

当時の在シンガポール日本大使館では、ワインに造詣の深い鈴木庸一氏が特命全権大使として赴任しておられ、いち早く、天皇誕生日のレセプションで日本ワインがサーブされることになりました。そのころのわたしは、南半球にあるワイナリーでの武者修行も続けており、ワイン造りの壁を乗り越えようともがいていました。しかも、国内ではまだ日本ワインへの偏見が強く、海外でも、未知のワインとして軽視されることが少なくありませんでした。それでも前に進むことができたのは、支援してくださるこのような方々との出会いがあったからだと心底感謝しています。

仲間としかできないことがある ロンドンで学んだ3つの「P」

父とその仲間たちがはじめたKOJ（Koshu of Japan）がロンドンでプロモーション活動をはじめてから、今年（2018年）で9年になります。

KOJのアドバイザーであるリン・シェリフ氏からは、これまでも本当に多くのことを教わりました。それまでは、日本ワインが世界のワイン情報の発信地であるロンドンや、ワイン生産国オーストラリアで市場を獲得するなど、わたしにとっては考えられないことでした。

前述しましたが、ロンドン以外でいえば、KOJ活動1年目の2010年にオーストラリアへの輸出も開始されています。オーストラリアで最も信頼

多くを教わったリン・シェリフ氏

されているワイン雑誌のひとつ『グルメ・トラベラー』に4銘柄が紹介され、「グレイス・シャルドネ2008」は"The best buy"にも選ばれるなど、驚くことに、グレイスワインの味わいは、オーストラリアに受け入れられていたのです。

リンさんは、ロンドンのトップジャーナリストや、ソムリエを巻き込みながら、わたしに、甲州の可能性を見せてくれました。「**甲州は、リースリングだと酸が強すぎるというお客さんにちょうどいいんだよね**」などと、試飲会にいらっしゃったソムリエの方に言っていただくと、世界のワイン業界における甲州のイメージも湧いてきました。

日本は、ヨーロッパから見れば、言語などの共通点も少なく、食文化も異なり、地理的にも遠い国です。ニュージーランドのソーヴィニヨン・ブランのように、メジャーにはならないかもしれませんが、**グリューナー・フェルトリーナーのようにマイナー品種として人気者になる道はある**と感じました。グリューナー・フェルトリーナーとは、オーストリアを代表する白ワインのブドウ品種です。

リンさんは、ロンドンでも絶大な人気をもつ品種グリューナー・フェルトリーナーをしばしば話題にしていました。グリューナー・フェルトリーナーは主にドナウ川河岸の畑で栽培されている品種で、オーストリアが最も力を入れて世界に売り出しています。淡いグリーンイエローの色調に、柑橘類や、トロピカルフルーツの豊かな香りとフレッシュな辛口。マイナーな品種ですが人気が高く、海外の白ワインとしては最も和食に合うブドウ品種のひとつだと思います。ニューヨークのあるレストランのソムリエがお客様に「赤にしますか？　白にしますか？　それともグリーン（グリューナー・フェルトリーナー）？」と尋ねていたのは、ワイン通には有名な話です。

ジャンシス・ロビンソンMWは、甲州がイギリス市場に参入したとき、「グリューナー・フェルトリーナーが入ってきたときのようなインパクトがあった」と評してくださいました。シンガポールにあるラッフルズ・ホテルでワインディレクターを務めた、ステファン・ソレ氏もご自身のインタビュー記事中で注目品種として甲州を挙げ、「NEWグリューナー」とたとえています。

「ほんの小さな変化の積み重ねが、良い方向に向かっているのなら、いつしかとてつもなく大きな変化となる」。リンさんがよく口にしていた、ネルソン・マンデラの格言です。

リンさんによれば「アルバリーニョがロンドンで認められるまで8年、グリューナー・フェルトリーナーがロンドンで市場を勝ち取るまで15年」かかったのだそうです。その間、醸造家たちは品質を磨き、プロモーションを続けてきました。しかも、グリューナー・フェルトリーナーは決して安いワインではありません。いいワインを真摯に造り続け、日本ワインのクオリティを知っていただく地道なプロモーションを根気よく続けられる人だけが、国際市場で勝ち残ることができるのだと、リンさんは教えてくれました。

ロンドンに輸出がはじまると、レストランで、甲州が世界のワインと一緒に並んでいるのを見かけるようになりました。リンさんは、「甲州は、日本酒と一緒にプロモーションを進めないほうがいい」とおっしゃっていたことがあるのですが、日本酒やほかの日本のアルコールと一緒に並ぶことよりも、**世界のワインのなかに並べられたほうがしっくりくる**ということを実感しました。

というのも、甲州のアルコールは、11~12%と、非常に繊細です。一方、日本酒となると、15~16%となり、ワインのカテゴリーでいうと、シェリーやポートなどの酒精強化ワインに近いものです。一緒にテイスティングはしないほうがいいという意味もあったのかもしれません。

もっとも、すでに國酒*として明確な位置づけのある日本酒と、日本ワインとでは、スタート地点が違っていたとは思います。いつだって、リンさんのめざすべき方向がぶれたことはありません。方向性だけではなく、テイスティングも決してぶれることはありませんでした。デュブルデュー教授やハンター教授との出会いのあと、芯の通った魂の指導者に、ここでもわたしは恵まれたのです。

父も書いていますが、リンさんやロンドン側と、日本側のワイナリーをつないでくださったのは、ソムリエの小笠原結花さんです。結花さんもまた、思慮深く、愛情深く、甲州がじわりじわりと広まっていく構図を描く、魂の女性でした。

中央葡萄酒の社長、三澤茂計も、やはり魂の人だと思います。自分のワイナリー1社だけで輸出することもできたのでしょうが、会社の利潤を追い求めるばかりではなく、「甲州」を国際市場でブランディングするために、複数のワイナリーの足並みをそろえることに奔走しました。その費やした時間と努力は、計り知れません。

リンさんや、インポーターたちの熱意に触れ、わたしは次第に、「**この人たちをがっかりさせたくない、そして、おんぶに抱っこではいけない**」と強く

＊「國酒」とは？
1980年1月5日の初閣議で大平正芳首相が「日本酒は國酒」と発言して以降使われはじめ、日本酒造組合中央会では2009年の通常総会で「日本酒と泡盛を含む焼酎」を「國酒」と機関決定。2012年からは官民一体となった海外へのプロモーションが行われている。

思うようになりました。２０１１年のＫＯＪの試飲会の際、ジャンシス・ロビンソンＭＷがされた話も、わたしを震い立たせてくれるものでした。ジャンシスが２０１０年に来日し、甲州をテイスティングした際、ひとりの日本人ライターが、こんなことをおっしゃったそうです。

「甲州は、日本女性と似ていると思いませんか？　個性が無い」

このライターの放った言葉を耳にしたとき、わたしはとても悲しくなりました。ほんの数年前まで、そういう時代だったのです。変えなければならない、と思いました。こういった一つひとつの出来事が、わたしに使命感をもたせてくれたのです。

ＫＯＪから学んだことは、甲州の可能性や、地道に甲州の魅力を伝えることの重要さだけではありません。

それ以前は不遜にも「ひとりでワインを造って、ひとりでワインを売ることができる」と思っていたこともあったのですが、ＫＯＪは、ワイナリーが結集し、同じ目標と情熱を分かち合い、高みに向かうことの尊さを教えてくれました。

もともと、**ワイン産地は１社の力だけでは成り立ちません**。ＫＯＪで志をともにするメンバーに出会い、山梨のワイン産地確立というわたし自身の目標が見えました。

2016年9月、ジョージア（旧グルジア）で開催された、国連世界観光機関（UNWTO）が主催する「第1回ワイン・ツーリズム国際会議」に、当時JTBからUNWTOへご出向の熊田順一さんにご推薦いただき、光栄にも東洋人唯一のスピーカーとして登壇させていただく機会に恵まれました。

ジョージアが位置する南コーカサス地方は、甲州の発祥地としても知られており、近年では「世界最古のワイン産地」として注目されています。一般的には「クヴェヴリ」という壺を発酵容器に用いるワインが有名ですが、モダンなものもあり、ワインが国の一大産業になっていることを感じました。

わたしは、その国際会議で「CO-OPETITION」という言葉を学びました。Cooperation（協力）とCompetition（競合）の混成語です。利害の一致しない者同士が、より高い目標に向かって手を組む、という意味だと理解しました。ライバル同士の生産者が、手を取り合って、山梨というワイン産地確立のために奮闘する。それは、ワイン・ツーリズム*も、このロンドンへの輸出も、同じだと思いました。

*ワインツーリズムとは？
ワイナリーを巡り、そのワインの原料ブドウをはぐくんだ土地の文化や風土を感じたり、造り手と触れ合いながらワインを味わう旅。

「甲州」はまぎれもない辛口白ワインとして、世界で認知されるようになってきました。しかし、世界には、甲州のようなワイン専用品種が、1万種は存在するといわれています。造り手たちだけでなく、造られるワインにも生き残りをかけて、いちばん求められる場を探すことが課せられているのだと感じました。

以前、リンさんに次のように言われたことがあります。

"Right Place, Right Price, Right People."

相応しい場所、適正な価格、理解ある人々のもとで、甲州が飲まれ続けてほしい――。この3つの「P」が重要だと言う、リンさんの心のこもった言葉に、わたしは深く共感しました。わたしは、ただ外貨を稼ぐための輸出には心がないと思っています。海外で取り扱っていただいていることを日本でのマーケティング・ツールとして使うことにも、興味がありません。

わたしには、産地やそこに根差す人々、守りたいものがたくさんありま す。もし、勝沼の町の人がレストランに行ったら、と想像してみます。もしそこで甲州がすすめられたら、馴染みある産地がラベルに刻まれたワインをすすめられたら、甲州にも、山梨にも、きっと誇りをもってもらえると思います。醸造家に生まれたからには、人とも、物とも、心の深いところでつながっていいたいと思うのです。

スクリューキャップ導入の背景

今、ワインのラベルが非常に多様化していて目を楽しませてくれますが、あまり目に留まりにくいワイン栓にも、実はいろいろな選択肢があります。

コルクひとつとっても、天然コルクもあれば、合成コルクもあります。ニュージーランド産やオーストラリア産ワインに多い「ステルヴァン」と呼ばれるスクリューキャップ、またガラス栓やプラスチック栓もあります。

甲州の輸出をはじめて気づかされたのですが、世界で最も厳しいといわれるロンドンの市場では、ワインの香りに変化を与えやすい天然コルクや合成コルクよりも、香りの問題がなく開けやすいステルヴァンが信頼されています。**ひと昔前は「スクリューキャップ＝低価格ワイン」というイメージもありましたが、今では変わってきている**のです。

「ステルヴァン」と呼ばれるキャップを採用

昨年、オーストラリアに出張した際、ワインショップで、醸造家仲間からも評価の高い女性醸造家、バーニャ・カレン氏のワインを手に取りました。彼女の造ったカベルネ・ソーヴィニヨンが360ドルで売られていたのですが、ワイン栓はスクリューキャップでした。

天然コルクは見た目には雰囲気が出てよいのですが、「ブショネ」と表現されるコルク臭汚染の問題がつきまとうからです。通常1%程度の汚染といわれていますが、実際は多いときで4%近くのブショネが出ることもあります。

原因となるのは、TCA（2, 4, 6－トリクロロアニソール）に代表されるクロロアニソール類です。たとえばTCAは、木材に含まれるフェノールと塩素の反応、微生物の代謝が作用して生成される有機塩素化合物の一種で、強いカビ臭をもちます。前駆体をたどれば汚染源ははっきりしますが、「TCAはどこからくるのか」という問いには、さまざまな見方があるようです。

醸造家は、ワイナリー内で塩素を洗浄に使わない、衛生に気をつけるなど、コルク汚染を予防できるようかなり意識していますが、すでに原料であるコルクガシ（コルクの木）の段階でTCAが検出される例もあります。

コルク臭が特に醜い欠陥臭とされるのには、少量でも感知しやすい香りだからでしょう。

ワインコンクールで審査員をしていたことがあるのですが、ブショネのあるワインは予備のワインに取り換えられます。しかし、その予備のワインが健全だったとしても、どうしても点数が伸びていきません。それは、不快なイメージを取り除くことが難しい香りだから。

そう気づいたとき、ワイン栓の選択肢がこれだけある時代において、ブショネというのは不運ではなく、醸造家に責任があるのではないか、と考えるようになりました。**ワイナリーが、取り扱いいただくレストラン、ワインショップ、買ってくださるお客様にご迷惑をかけないよう配慮する時代になってきた**からです。

父が第I部でもご紹介していますが、KOJでは、アドバイザーのリン・シェリフMWのアドバイスにより、ヨーロッパへ輸出する「甲州」はコルク臭を防ぐためだけではなく、繊細な甲州に瓶差が出ないよう、スクリューキャップを導入するようになりました。それほど、最初の印象を大切にしなければなりませんでした。

KOJ活動1年目、ロンドンで最も大切なイベントのときに、わたしは14社のワインすべてをブショネチェックするという重要な任務を仰せつかりました。

1社につき3本が用意されており、そのときは1割以上のブショネが出ていましたが、2年目には軽いブショネが1本あっただけ。ワインの状態も良好で、生産者の「ブショネを出してはならない。最高の状態でワインをテイスティングしてほしい」という思いを1本1本から感じました。

グレイスワインでは、2010年からステルヴァンを採用しました。密閉度の高いステルヴァンの外見は、ボトルのネック部分にスカート（筒状のアルミ部材）を残すことで、従来のスクリューキャップよりもずっとお洒落になっています。また、ステルヴァン導入に伴い、ボトルも軽量化しました。ただ、スクリューキャップに関しては、いまだ消費者の方々とギャップがあるのを感じています。

ある日、ワイナリーの事務所で夜遅くまで仕事をしていたとき、1本の電話が鳴りました。受話器からは、お客様の困惑した声が。「グレイスワインを開けたら、コルクがなかった」とおっしゃるのです。驚いて、銘柄とヴィンテージを確認したところ、おかしいなと思いました。そのワインは、スクリューキャップで瓶詰めをしていたからです。

翌日、お客様担当の社員に、この出来事を話すと、「スクリューキャップをキャップシールと勘違いなさり、その下にコルクがあるものだと思っていらっしゃるのです」と、涼しい顔をして「よくあります」と言うのです。お鮨屋さんに行ったときも、お店の方が、スクリューキャップのワインにもかかわらずコルクスクリューを取り出し、開けようとしたことがありました。

1年に一度しか生産できないワイン造り。同じヴィンテージは二度とやってきません。だからこそ、自分の壁を破るような気持ちで、ワイン造りのすべての工程に向き合っていきたいと思っています。

イメージを覆す突破口を開く　国際品種でも唯一無二の味を実現する

2014年6月、DWWAで「キュヴェ三澤 明野甲州 2013」が日本初の金賞を受賞した翌2015年、今度は「グレイス甲州」が同賞を受賞しました。その後も、信じられないことに受賞は続き、5年連続の金賞受賞となりました。5年連続のDWWA受賞のおかげで、甲州の知名度は上がり、海外からの注文は一気に増えました。

さらに2016年のDWWAでは、「グレイス・エクストラ・ブリュット2011」が96点を獲得、スパークリングワイン部門においてアジア初となる金賞を受賞しました。さらに、金賞の中から選ばれてプラチナ賞を受賞、アジアの最高賞に輝きました。

「キュヴェ三澤 明野甲州 2013」が日本ワインとして初めて金賞を受賞した際、ありがたいことにたくさんの取材を受けましたが、「次の目標は何ですか? シャルドネや、カベルネ・ソーヴィニヨンなどで受賞を狙いますか?」という質問も少なくはありませんでした。

そのたびに、DWWAでそう簡単にはいかないという気持ちになりました。金賞が与えられるのは、例年エントリー数の約2%に留まり、プラチナ賞に至っては全体の約1%にも与えられない栄誉なのです。

特にスパークリングワイン部門は、テタンジェの「コント・ド・シャンパーニュ」、ハウス・オブ・アラス(修行先です!)の「レイト・ディスゴージド」などの名門が名を連ねる関門。ヨーロッパのスパークリングワインが、金賞受賞の80%を占めることからわかるように、シャンパーニュという産地への強い信頼がほかを寄せつけません。

グレイス・エクストラ・ブリュット2011と賞状

ロンドンへ輸出をはじめたとき、リン・シェリフＭＷから、あまたあるワインコンクールのなかでも、ＤＷＷＡの結果がいかに市場で信頼されているかを教えていただいたことがあります。サンプラーというワインショップを訪ねたとき、ＤＷＷＡで銀賞以上を受賞したワインのコーナーをみつけたこともありました。グレイスワインを輸入するヨーロッパ中のインポーターたちもまた、ＤＷＷＡの結果に期待していたのです。

世界的に知られていない日本ワインを市場にご理解いただくというのは、インポーターたちにとってもタフなことなのだと感じました。どうすれば、甲州やグレイスワインを見出してくださったインポーターに協力でき、お客様から信頼を得ることができるのだろうと考えました。

世界的に知られていない産地でワインを造る、**家族経営で投資力の乏しいワイナリーにとっては、結局、実力主義しかない**ように思いました。それが、ＤＷＷＡだったのです。

父は、ワインコンクールはお祭りのようなものだとよく言っていました。ワイン業界には、たくさんのコンクールが存在します。わたしは、見境なくコンクールに出品することは、逆にグレイスワインの評判を落とすだろうと懸念をしました。そのなかで、審査員に基準が設けられ、良い結果が出れば、世界で最も発行部数の多いワイン雑誌のひとつである『デキャンタ』に掲載されるDWWAを最初の一歩として選びました。

「グレイス・エクストラ・ブリュット2011」は、三澤農場で栽培した、低収量のシャルドネを使用し、手摘み後に圧搾と発酵を経て、瓶内で3年かけて熟成したスパークリングワインです。

父は当初、わたしがスパークリングワインを造ることに反対でした。スパークリングを造るときは、酸が重要になるため、糖度がまだ低い状態でブドウを収穫することになります。二次発酵をさせることも考えると、糖度はほどほどのほうがよいのです。父からは、しっかり糖度ののったブドウから、まずはきちんとしたスティルワイン（非発泡性のワイン）を造りなさいと苦言を呈されていました。

明野の澄んだ空気を吸っていたら造ってみたくなった、というのがそのときの正直な気持ちでした。本来、優れたスパークリングワインは、冷涼な地域で生産されていることが多いのです。試験醸造ならいいかなと思い、1000本ほど造ってみたのが、このスパークリングワインのはじまりです。

でき上がったワインを父に見せると、とても驚いた様子でした。父は、もともとスパークリングワインはあまり好みではないようでした。ビールを含め泡ものはほとんど飲まず、唯一、ベルギーのビールを冷やさないで飲む程度です。シャンパンのことを「酸化しているのに、還元している不思議なワイン」と言っていたこともありました。その父が「泡がクリーミーなんだよね」と言うのを、不思議な想いで聞いていました。こうして、試験栽培で造られたこのワインは、商品化されることになりました。

しばらくすると、ラベルをデザインしてくださっている原研哉さんから「彩奈さんに見てもらってください」とデザイン案が届きました。学生のときから知る原さんも、父と同様にとてもピュアな方です。わたしのような、新米醸造家の意見を聞いてくださるのだと驚きましたが、もっと驚いたのはそのデザインで、わたしがなんとなくこんな感じだったらいいなと思っていたものと、とても近かったからです。

そのラベルを見て、わたしは、ワインに何か名前を付けるのではなく、「グレイス」という名前のスパークリングにしようと思いました。「グレイス」以上の言葉がみつけられなかったのです。

原さんがデザインしたグレイス・エクストラ・ブリュットのラベル

わたしが**最初から目標にしていたのは、熟成に耐えられるような本格的なスパークリングワイン**でした。タスマニアやシャンパーニュで研修を重ね、チームと知恵を絞りながら、細くてきれいな泡になるように二次発酵を工夫してきた日々は、瓶内二次発酵の神秘に魅せられたとても楽しい時間でした。その一方で、技術を追求すればするほど、良質なワインにとって大切なのは、二次発酵をさせる前のベースとなるワインの質の良さであることを感じました。

"It is a great day for Yamanashi and Japanese wine."
（山梨と日本のワインにとって意義深い日だ）

公の結果発表の日に、DWWAの審査員を務めたひとりからいただいたメッセージです。自分が頑張ることで、山梨や日本ワインのためになっていたのだと思うと、喜びが込み上げました。この受賞により、甲州というオリジナリティだけではなく、国際品種で日本ワインの存在を示すこともできたのではないかと思っています。

魂と愛情と、試練をいとわないほんの少しの勇気があれば、唯一無二の味

わいと品質を表現できる。わたしにとって、そう心から信じることのできた受賞でした。

トレンドに流されすぎない

〝熟成した辛口〟という難しい両立への挑戦

過去には地元だけで飲まれていた甲州が時代を経て、県外へ、そして国外へ、消費される場所がどんどん拡大しています。

それとともに、「酔えればよかった」甘く、アルコールの高いワインから、「フレッシュ＆フルーティ」といわれる甲州へとスタイルが変化し、今は、フードフレンドリーで、熟成にも耐えられるような新しい甲州の姿が求められてきているように感じています。

２０１５年12月、当ワイナリーに長期熟成を目的とした地下カーヴが完成しました。設計は、箱根の強羅《ごうら》花壇《かだん》などのデザインで知られる建築家の竹山聖さんです。入り口には「Cuvée Misawa」、わたしたちのフラッグシップワイン「キュヴェ三澤」の文字が刻印されました。

現在のワイン造りのトレンドは、どちらかというと**「今飲んでおいしい」**

長期熟成をめざし2015年に完成した地下カーヴ

スタイルというのが注目されているように感じます。わたし自身は、そういった奇抜さや、目新しさ、面白さを追うのではなく、消費者の嗜好とは違っても、熟成してさらにおいしくなるようなクラシックなスタイルにこだわりたいと考えています。ブドウという本質がしっかりしていないと、熟成が早く進み、あっという間に熟成のピークに達してしまうような気がします。**ブドウが凝縮度に欠けていたり、不安定な要素があったりすると、いくら醸造家の手で補正したところで、きれいに熟成するワインにはならない**と考えています。ＤＷＷＡの受賞が教えてくれたものは大きいですが、わたしたちにとって、**ＤＷＷＡの受賞は通過点でしかなく、何年たっても色あせないような本物を追求していきたい**と思っています。

たとえば、ソーヴィニヨン・ブランは世界で幅広く栽培されている品種ですが、そのスタイルは大きく分けて2種類あります。

ひとつは、ハーブや柑橘類、アスパラガスと表現されるような、爽やかでフレッシュなソーヴィニヨン・ブラン。もうひとつは、トロピカルフルーツや、熟した桃のようなフレーバーで、ウエイトのあるソーヴィニヨン・ブラン。

２０１２年の修行先、南アフリカの「ケープ・ポイント・ヴィンヤード」

のダンカンがめざしていたのは後者で、熟成できるようなソーヴィニヨン・ブランを造りたいと言っていました。

ボルドー大学にいたときデュブルデュー教授が「ソーヴィニヨン・ブランは熟成すると白トリュフの香りが出る」とおっしゃって、いくつかのサンプルを試飲したことがあります。安くてすっきり飲めるスタイルというのは白ワインの重要な市場かもしれませんが、一方で造り手は究極の1本を造りたいと思っています。

どの品種であっても「熟成」は、醸造家にとってひとつの大きなテーマであると感じます。

グレイスワインでは現在、白は甲州とシャルドネ、赤はカベルネ・ソーヴィニヨン、メルロ、カベルネ・フラン、プティヴェルドと、6種類の品種を栽培しています。それぞれに造り方の違いがあり、醸造家の理想とする味わいがあって、醸造方法を選びます。

なかでも甲州は酸化しやすい品種なので、熟成には向かないといわれています。でも、「できるだけ収量を落とした樹から、凝縮した甲州を造りたい」との一心ではじめた甲州の垣根栽培で、今は熟成の可能性を実感できるようになりました。この先、しっかりとした凝縮度の甲州を生むことができれば、「熟成する辛口甲州」も夢でなくなるかもしれません。
ワインの大きな醍醐味が熟成である以上、甲州の挑戦もまだはじまったばかりです。

わたし自身が好むスタイルは、ストイックでナチュラルなワインです。複雑味は歓迎しますが、雑味は嫌いなので、特に甲州の場合は、澄んだ味わい、ピュアさ、透明感という印象を大切にしています。甲州は、歴史は長いですが、まだまだ伸びしろのあるワインです。造られるワインには、醸造家の性格や意志も反映されますから、甲州とともに歩むわたし自身の成長にもお付き合いいただけたら、さいわいです。そして、年齢を増すことによって深みを増す人生のように、ワインの進化する味わいをお楽しみいただきたいと思っています。

自分ならではの持ち味にこだわる

グレイス ロゼ誕生のきっかけ

今トレンドになっているのはどんなスタイルのワインなのか、どの国のワインが話題を呼んでいるのかなど、特に若い世代の醸造家は、情報には敏感です。それでも、やはり自分自身が好むスタイルを、醸造家は追求します。嗜好品ですので万人が好む味わいというのは難しいと思いますし、消費者の嗜好やお料理との相性を考えてワインを造ることはないと思います。

一度、ワインジャーナリストからのご指摘を、ワインに反映したことがあります。「グレイス・エクストラ・ブリュット 2009」をお出ししたときのことです。そのときに、ワインジャーナリストの柳忠之さんに、瓶内熟成期間が3年以内にもかかわらず、収穫年のヴィンテージをラベルに記載していたことに対してご指摘を頂いたのです。

シャンパンでは、収穫年が記載されていない「ノンヴィンテージ」と、記載されている「ヴィンテージ」がありますが、法律により**収穫年のヴィンテージが記載できるのは、瓶内で3年間以上熟成されているもの**に限ります。

日本には厳格な法律はないものの、わたしは、瓶内の熟成期間が3年に満たない「グレイス・エクストラ・ブリュット」に、2009年という収穫年を表記していました。表記に関して感度が鈍かったと反省しました。そして、ちょうど熟成中だった2011年の収穫年のものを、デゴルジュマン（澱引き：瓶内二次発酵によって生じた澱を取り除くこと）せずに、3年の瓶内での熟成とすることにしました。「グレイス・エクストラ・ブリュット

2013」の一部からは、5年熟成に挑戦しています。

「グレイス ロゼ」もまた、わたし自身が醸造責任者になってから生まれたワインです。2008年がファーストヴィンテージで、三澤農場産の赤ワイン用ブドウを使い、辛口スタイルにこだわりました。

当時、日本ワインのロゼというと、巨峰など生食用ブドウから造られる甘口のものや、出来合いの白ワインと赤ワインを混ぜて造られたものもありました。「グレイス ロゼ」では、赤ワイン用ブドウから造られる、本格的な辛口のロゼをめざしました。空前のピンクワインブームと呼ばれ、ロゼ人気が定着したような今とは違って、当時はそれほど注目されませんでした。でも、わたしは**売れるものだけを造るのはつまらない**、と感じていたのです。

子どものころはロゼといえば、白ワインと赤ワインの中間というイメージが強く、長い間、中途半端な存在のようにも感じていました。イメージがガラリと変わったのは、ボルドー留学時代です。ボルドーのレストランやビストロにはたいていテラス席があり、フランス人は陽射しが届く日にはテラスでロゼワインを楽しんでいました。

フランス留学時代に癒された記憶から生まれた「グレイス ロゼ 2008」

ボルドーのワイナリーでは、カベルネ・ソーヴィニヨンやメルロなどからセニエ法[*]でロゼが造られることが多く、特に夏になると、白ワインよりもロゼワインを嗜む人が圧倒的に多かった記憶があります。**わたしも辛口ロゼに楽しみやリフレッシュを求めたひとり**でした。

たとえば南フランスのワイナリーで買ったバンドールのロゼ。ボルドーのアパートで、その日はどうしてもお蕎麦が食べたくて、でもバンドールのロゼしか手元になくて、合わせてみたらなんとおいしかったこと。もしくは、勉強の合間に癒されたボルドーのロゼ。ブルゴーニュのモレ・サン・ドニにある「ドメーヌ・デ・ランブレイ」の赤は飲みごろを迎えるまで時間がかかるけれど、待たずに飲めるロゼだって最高においしかったこと。

食事にさっと合わせるロゼが、一日中フランス語で勉強して疲れた頭と身体を癒してくれたものです。そのとき、「わたしも日本でこんなしっかりとしたロゼを造ってみたい」と思いました。

このフランスでの体験が、「グレイス ロゼ」誕生のきっかけになったのです。赤ワイン用のブドウを使いながら、造りは白ワインに近い繊細さがあるロゼ。明野という産地に由来する酸、繊細でエレガント、樽発酵の複雑味な

＊セニエ法とは？
ロゼワインの製法のひとつ。赤ワイン用の黒ブドウを使って赤ワインを醸造する場合の発酵前の過程で果汁の一部だけを抜き取り、この果汁だけを発酵させる。

ど、グレイスワインにしか出せない味わいがあると思っています。

家族への想いが事業への真摯さにつながる　父の偉大さ、母の優しさを思う

「地獄へようこそ」

「はじめに」でも紹介しましたが、これはわたしが入社したときに父に言われたひと言です。そのときは「まさか」と思いましたが、実際にはじめてみると、本当に地獄のような毎日でした。

家族代々そういうものだとはわかっているはずですが、それでも、1年にわたって手塩にかけて育てたブドウが、台風に見舞われると心に突き刺さるものがあります。納得のできるものを造っても、どこか満足がいかなくなってしまう、**クオリティへの追求は終わりがない**ように見えました。

また自営業の宿命ではありますが、当然休みはなく、食べるものも、飲むものも、着るものも、出かける場所も、まずワイナリーとワイン造りのためになるものを選びました。9月から醸造期になると、ぐっすり眠れる日はありません。忙殺されているのもありますが、夜中の雨風音に心が休まらない日々でした。

海外で習得したことを生かせるフィールドはあるのに、生かすための仕組みが十分にないことにも歯がゆく思いました。

たとえば、ボルドー液という殺菌剤があります。有機農法でも使用が認められているため、フランスでもかつては広く使われていた、硫黄と銅の混合液です。しかし、近年になり、土壌への銅の蓄積を抑えるため、ボルドー液と同程度の効果をもつ殺菌剤が使われるようになったそうです。デュブルデュー教授が来日した2004年に、お聞きした話です。

ところが10年以上経っても、日本の状況は変わりません。農薬の登録には何億円という費用がかかり、そう簡単に認可が下りることはないそうです。同じように、殺虫剤についても、フランスでは、葉、梗《こう》、顆粒を食べてしまう蛾《ガ》などに対し、環境に配慮したフェロモン剤が使われています。これもやはり、日本で使うには時間がかかりそうです。**産官学の連携が取れていないことや、わたしが海外や仲間たちから仕入れた生の知識を日本で生かせないことにはジレンマ**を感じています。

アジアのワインが盛り上がりを見せる今、ほかの生産国の急成長には、危機感も感じています。2016年には、香港でアジアのワインのみのガラデイナーにご招待いただきました。日本、中国、イスラエル、インドネシア、タイなど、どのワインも魅力的でした。そして香港は、アジアのワイン市場の中心地となっていることを実感し、また現在、世界第7位のワイン生産量を誇る中国ワインの勢いを感じました。ご挨拶した中国のワイナリーはオーナーが投資家であることが多く、日本の家族経営のワイナリーとは規模が違います。醸造家も、フランスやオーストラリアなどの大学で醸造学を習得した人たちで、ワイン造りの基本を理解している人たちです。**ほかのアジアワインのスケールに、日本のワイナリーはどう生き残りをかけるのか**問われたような気がしています。

それでも、**何をするよりも、ワイン造りが好き！**　そんな仕事に出会えたことに感謝しています。祖父や父が山梨に戻り、地に足をつけて自分の美学や哲学を貫いたように、50年後のブドウ畑の姿を想像しながら、地道にワイン造りを続けていきたいと思っています。

父はこれまで、栽培醸造家としてのわたしの一つひとつの決断に口を出すことはありませんでした。

父である以前にワイナリーの経営者でもあるわけですから、内心は醸造家であるわたしに対して思うところがいろいろあるはずですが、わたしの意思を尊重してくれます。以前、フランスのテレビ局の取材があったときに、「老いては子に従え、と言うからね」と、一所懸命に説明していました。

甲州の垣根栽培の結果がなかなか出なかった数年間も、コスト面のプレッシャーをかけられることは一切ありませんでした。わたしは娘であると同時に、父が雇った醸造家でもあるので、結果が出ないのであれば潔くやめるほうがいいのではないかと考えていた時期もありました。

2010年ごろだったと思います。「辞めようかなと思うんだけど……」とわたしが切り出したことがあります。そのとき、父は「彩奈の人生だから、好きにしなさい。会社はどうにでもなるのだから」と言ったのです。その言葉を聞き、父もまた、会社よりも、わたしの人生を想ってくれていたことを知りました。そして、わたし自身を戒《いまし》めることができました。「まだ何も達成していないのに、辞めるだなんてだめじゃないか」と。

父は、大きなお金を動かす仕事から実家のワイナリーに戻り、当時は、1本1500円程のワインのために頭を下げる立場となり、まったく違う人生をスタートさせました。母に聞くところでは、商社時代に培った広い知見が逆に災いしてか、最初は周囲になかなか理解されなかったことも多かったようです。

父は、1995(平成7)年にシャルドネを初めて仕込んだそうですが、当時山梨のシャルドネで突き抜けたワインを造ろうと思う同志は稀で、とても孤独であったと言っていたことがあります。そんなときに父にあたたかい励ましの言葉をかけてくれたのが、麻井さんでした。

その後、父の想いに共感してくれたり、ともに目標を達成できたりする同志が周囲に増えて、KWCやKOJの設立に至りました。お客様の反応も、当時と今とではずいぶん違っていたと思います。子どものころ、父が言うこと、することには何でも意味があるような気がしましたし、父がいれば怖いものはありませんでした。それは、向かい風のなかでも、希望を捨てずに、信じる道を切り開いていく父のそばにいたからだと思います。


以前、父はこんなことを言っていました。

「醸造家というのは、登山家のようなもの。ブドウがそこにあるから仕込むのだし、苦労がたくさんあるほうが、登ったときに景色がいい」

グレイスワインの張り詰めたような美しいスタイルは、父の時代から受け

継いでいるものです。グレイスの甲州の特徴は、ピュアな果実と溌剌《はつらつ》とした酸にあり、辛口にすることでこの酸がより生かされています。標高の高い丘陵地のブドウを使用することで、凝縮したブドウの味わいが、できあがるワインにそのまま表現されているのです。

父は、いち早く標高の高い山路のブドウに注目し、産地別の小仕込みをはじめました。茅ヶ岳《かやがたけ》山麓、菱山地区、鳥居平地区など、醸造家目線から長い間かけて特徴的な丘陵地の産地を選んだのです。甲州と付き合ってきた地道な歴史と、このグレイス魂が存分に生かされているワインだと思っています。

わたしは、海外で栽培醸造を学ぶ機会を得られましたが、父は、大学で化学を専攻したのみ。ただただ良いワインを造りたいとの一心だったと言います。父の時代、海外の情報は少なく、タンク、樽、機材などに愛情をもち、徹底して清掃することからはじまり、ひたすら愚直にワイン造りに向き合うことで、世界的なワインジャーナリストのヒュー・ジョンソン氏からトロフィーが手渡された「グレイス樽甲州 1997」や、麻井宇介さんをうならせた「キュヴェ三澤 白 1997」、そしてインターナショナル・ジャパン・ワインチャレンジで金賞を受賞した「キュヴェ三澤 赤 1999」など、ワイナリーの財産となるようなワインを生み出しました。この愚直なグレイス魂をずっと大切にしたいと思っています。

裏方業務を一手に引き受けてくれる母の存在にも支えられてきました。母は、収穫も、仕込みも、選果も、困ったときにはいつも手伝いに来てくれます。

ワイン造りをはじめたときは、夜中のピジャージュ（写真）に顔を見せ、「どうしたの？」と聞くと、「タンクから落ちないように見張っている」と笑っていたこともありました。夜間収穫した朝には朝食を、夜遅くまで選果作業をした後は夜食を、早朝だろうが、真夜中だろうが、社員の食事を作りに来てくれるのも母です。60歳を超えても、いやな顔ひとつせずに力仕事に手を貸してくれます。そんな**母を見ていると、命を懸けて良いワインを造りたい**と切実に思います。

最近になって、ワイナリーを受け継ぐにあたり、悩むことが増えました。母はそのようなわたしの姿を見て、父や祖父の昔話をしてくれることがあります。

大きな都市の大きな会社で働いた後に、家業を継いだ祖父や父を、時に遠

ピジャージュの作業中

くに感じます。ただの栽培醸造責任者だったころは、経営者である父の庇護のもと、自由にワインを造っていました。しかし、今は、タンクひとつ購入するときですら手が震えます。父と方向性が異なると、不安になります。そんなわたしを見て、長年、祖父と父のやり取りをそばで見てきた母が、「お父さんや、おじいちゃんだって悩んでここまでやってきたのよ」と言ってくれます。そうすると、祖父や父を近く感じ、わたしにもなんとか務まるのではないかと思えてくるのです。母の存在の大きさを感じます。

わたしの**根底にあるものは、やはり家族や社員への想い**だと気づかされるのです。

そして、わたしにとっての甲州には、輝かしい未来を捨てても、当時まだ知名度の低かった日本ワインに高い志をもって接し、地道な農産物であるワイン造りを継いだ、そんな父の面影と、その父を支え続けた母の愛情があります。

グレイス魂を代々受け継いでいく　亡き祖父が造ったワインを味わう

祖父は、わたしの生まれた年の甲州で「彩奈ワイン」を造ってくれました。

ロンドンで撮った懐かしい家族写真

父がこのワインを開けてくれたのは、祖父が亡くなった後のことでした。その際、「液面とコルクの間のヘッドスペースは、彩奈が生まれた年の空気だよ」と父が教えてくれました。収穫年が書かれた飲み物というのは、ワイン以外では存在しないように思います。祖父が残してくれたワインと、父の言葉に、ボトルに記された収穫年の意味を理解しました。

フランスに留学する前のことでしたが、一度、このワインがテレビで放映されたことがあります。その後、このワインをいくらでもいいから購入したいというお客様からご連絡をいただき、驚きました。**醸造家がもうこの世にはいなくても、ワインは生き続ける**ということを知りました。

家での祖父は、読書をしているか、漢詩を書いているか、クラシック音楽を聴いているかの印象しかありません。銀行勤めを辞め、家業に戻った後、ワイナリーを株式会社化しました。会社経営にあたっては、大学の同窓生でもあり、興銀時代の上司であった中山素平氏の影響を強く受けていたようです。

小学生のころ、瓶詰めやラベル貼りを手伝っていました。わたしの役目は、熟練技術者たちと一緒に、瓶詰めされたボトルを取っていくことでしたが、瓶詰め機の速さに追いつけず、ボトルが溜まっていきます。とにかくボトルを溜めたくないので、お昼休憩後も、社員の方よりも先に持ち場に戻っていました。その姿を、祖父が褒めてくれたことがあります。

誕生日には、額に入った押し花をくれたことがありました。「押し花の彩色のごとなれかしと祈りをこめて……」という歌が添えられていました。わたしの「彩奈」という名前は、祖父が名づけました。彩りとグレイス、祖父が願ったようなワインを造らないといけないし、高潔で勤勉だった祖父に恥じないような社風でなければならないと思います。

ワインの話でいえば、棚栽培でしたが、勝沼で最初にカベルネ・ソーヴィニヨンを植栽したと聞いています。残念ながらその畑は病害で壊滅してしまったのですが、そのような先見性ももち合わせていたのでしょう。小さいころは甲州をわたしに嗅がせながら、「これがヴィニフェラの香りだよ」と教えてくれました。


祖父が残していってくれたものは、ワインだけではありません。なかでも**社員というのは大きな財産**です。

特に、番頭の酒井正弘さんには、心から感謝しています。祖父の時代に入社して以来、グレイスワインのために奔走してくれました。

弟とわたしは幼いころから、母屋に併設された醸造所を遊び場にしてきました。屋根に登ってメンコで遊んだり、ワインを運ぶ滑車に乗って競走したり、当時は、醸造所の横に大きなナシの樹が植えられていて、2トン車の荷台に乗って虫取り網でナシをとったり。中学生になると、醸造所で遊ぶことは少なくなりましたが、忙しい父に代わり、電車通学のわたしたちの送り迎えを引き受けてくれたのも酒井さんでした。弟と同時に何かあっては会社が断絶してしまうからと、雪の日は同じ車に乗らないように注意をされたこともあります。そして、グレイスワインに入社した社会人1年生のわたしに、酒井さんは次のようにおっしゃいました。

「私は、組織のなかの自己実現という言葉を美しく思っています。グレイスの番頭と呼んでください」

祖父の時代は営業担当として、さらには父の片腕として長い間、収穫も、選果作業も、仕込みも、なんでもやってくれました。

ご本人の希望で副社長を退任することが決まったときに、「社長は、お仕えするに足る方でした」とおっしゃるので、胸が熱くなりました。73歳という年齢を超え、現在は、顧問という形でグレイスワインに関わってもらっています。実に、グレイスワインと歩んでいただくこと半世紀。今、栽培醸造のチームも半数が20~30代となっており、世代交代の時期を迎え、ワイナリーは新しい感性できらめいています。こうした**若い世代にも、グレイス魂が引き継がれることが、家族経営ならではの長所**だと思っています。

昔から家族や親族の弟に対する期待が大きかったからか、わたしは醸造家への憧れはあったものの、家業を継ぐという意識はありませんでした。その一方で、弟の計史は、物心ついたころには「大人になったらワイン造りの仕事をする」と考えていたそうです。

2011年の春にアメリカから帰国した弟は、「北海道のワイナリーは自分が独立してやる」と宣言。それまで社内の一部門であった千歳ワイナリーを分社化し、北海道中央葡萄酒株式会社を設立して、弟が同社代表取締役社長に就任しました。

弟とわたしは、ともにワインを造ることを夢みて、それぞれアメリカとフランスに留学しました。そのころのわたしは、弟と醸造所で遊んでいた日々がずっと続くと思っていました。

2011年の秋、7年ぶりに帰国した弟と山梨で一緒にワインを造りました。そして、醸造期が終わると弟は北海道に渡ったのでした。一緒にワインを造るなかで、まだ互いに研鑽が必要なことがよくわかりました。そして、それぞれに会社にとってできることは何であるかを話し合いました。その結

次世代の社員たちとともに

果、今は離れた場所でワインを造っています。

父が明野町に新しく農場を拓いたのが2002年。そして、その近くに醸造所を構えたのが2005年。明野の醸造所ができる前までは、勝沼の醸造所で明野のブドウを仕込んでいました。ひとつの醸造所でも、十分に仕込める量のブドウだったのです。

しかし、同じ山梨とはいっても、勝沼と明野では40キロ離れています。明野に農場を拓く前までは、フラッグシップワイン「キュヴェ三澤」は、勝沼のブドウから造られていました。明野のブドウが「キュヴェ三澤」となる片鱗を見せはじめたとき、明野のブドウを勝沼の醸造所に運ぶ過程で、ブドウを痛めてはならないという理由から、明野での醸造所の開設に至り、「ミサワワイナリー」と呼ばれるようになりました。わたし自身は2007年に帰国してから、とにかく、父の夢であった三澤農場を形にしようと精一杯の日々でした。今年で、帰国して12回目の収穫を迎えます。とても長い年月でした。

今、現場から離れた父の頭のなかを占めているのは、「山梨のワイン産地をどのように健全に発展させるのか」「日本ワインをどう競争力のあるブランドに育てるのか」という問題です。そして、それができるのは父しかいないと思っています。父が、常に、自分のことやグレイスワインのことだけを考えてきたのではないことが、わたしたち姉弟にはよくわかっているからです。父には次のステージに専念してもらえるよう、弟もわたしもさらに精進しなければいけないと思っています。

スモール・イズ・ビューティフルを胸に　自分自身の位置を知る

わたしが参加させていただいている団体に、「マグナムクラブ」という女性のワイン従事者が集まるクラブがあります。醸造家、ワイナリー経営者、マスター・オブ・ワイン、ジャーナリスト、ワインバイヤーなど、ビッグネームがメンバーに名を連ね、わたしはいつも小さくなりながら、年2回のフォーラムに参加しています。

ワイン醸造家の女性たちとは、すぐに親しくなります。特に、醸造家でも、「ワイナリーの娘」というと共感できるものが多く、どの国でも悩みは共通であることを感じます。ワイナリー経営者である父親への想い、家族への想い、社員への気配り、地方に暮らすこと……「そうだよね！」とうなずくことが多く、まるで同志に会うような気分です。

その一方で、銘醸産地の誰もが知るワイナリーに生まれた彼女たちと、まだ世界的に知られていない産地の小さなワイナリーに生まれたわたしとでは、最初から勝負が決まっているような気もしてしまいます。気を緩めると、「日本ワインがヨーロッパのワインに肩を並べるなんてありえない」という声が聞こえてきそうです。

近年注目されている「世界ベストレストラン50」というレストラン杯で、2015年に第1位に輝いた「エル・セレール・デ・カン・ロカ」で、マグナムクラブの会合が行われたことがあります。「カン・ロカ」は、バルセロナから電車で1時間、最寄りのジローナ駅からは2キロ離れた場所にあります。日本でおいしいものが食べたければ、銀座に行くのでしょうが、たとえば、EU本部のあるベルギーでは首都ブリュッセルにミシュラン三ツ星のレストランはありません。

グレイス甲州を取り扱いいただいている三ツ星のレストラン「ヘルトッグ・ヤン」もまた、地方のブリュージュに位置します。同様に、都市から離れたカン・ロカにも、世界中から人々が集まります。先代のころから家族経営のレストランで、長男がシェフ、次男がソムリエ、三男がパティシエをそれぞれ担っています。故郷の町に、家族で代々続くレストランを切り盛りする。世界一になってもならなくても、それがいちばん幸せなことに思えました。

DWWAの受賞により、明野のワイナリーには、国内外から多くの人が訪れてくださるようになりました。醸造所だけでなく、ワインショップも併設されていたので、なかには、最寄りの韮崎《にらさき》駅からタクシーで20分、小さな山奥の売店までワインを買いに来てくださっていました。

ある日、「キュヴェ三澤 明野甲州」をお買い求めいただいたお客様に、「ワインは、お好きですか」と尋ねると、「ワインは普段飲まないのだけれど、テレビで見たから」とお答えになりました。グレイスワインのワイン造りに共感いただけたことはとても嬉しかったのですが、その一方で、「キュヴェ三澤 明野甲州」は、普段ワインを飲まないお客様が飲んでおいしいと感じてもらえるのだろうか、と考えてしまいました。熟成向きに造られているワインというのは、リリースされてからすぐの間は、香りが立たなかったり、酸が際立っていたり、赤ワインの場合ですとタンニンが強く感じられたりします。まだ若いうちに開けてしまうと、ワインがとても「硬い」のです。

そのころからか、明野のワイナリーのワインショップを閉めることを考えはじめました。訪問してくださる方の対応に追われ、農場や醸造所での作業に手が回らないことも増えていました。それでも、遠くから来てくださるお客様の訪問を無下に断れず、醸造期などで十分な対応ができないときには、お客様が帰られた後で、申し訳なかったなと思ったものでした。

ひまわりが咲き乱れる夏の日、わたしはこのショップを閉めることを決意しました。

そして、ミサワワイナリーという呼び名もやめることにしたのです。

勝沼の畑から勝沼の醸造所で造られるワインであっても、三澤農場から明野の醸造所で造られるワインであっても、「グレイスワイン」という同じ銘柄で世のなかに出ています。簡便であるというだけで、2つの醸造所に別々の名前を付け、区別することは意味がなく、弟やわたし、次の世代が、分裂することがないようにという願いを込めて決断しました。

ワインは造った瞬間から、批評の対象になります。ほかの日本のワイナリーだと許されることであっても、グレイスワインであれば許されないというような局面に出会うこともあり、グレイスワインは完璧でなければいけないのだと悟りました。一方で、「日本ワインとしては、おいしいね」と言われることや、グレイスワインの会にいらしたお客様から昨日飲んだというブルゴーニュの写真を見せられるなど、複雑な気持ちになる場面も往々にしてあります。

だからこそ、**わたし自身の信じる味わいを大切にしたいし、家族や信頼する社員、町の人たちとの、平和で静かな生活と、このささやかな幸せを大事にしたい**と思っています。

グレイスワインは、これまで、歴史とクオリティを大切にしてきました。家族経営のワイナリーに生まれたわたしは、祖父と父のやってきたことが間違いではなかったと証明したいという想いがあります。ワイン造りとは、時間がかかるもの。1年に一度しか結実しないブドウを仕込み、熟成させ、ブドウを収穫してから、お客様の手に届くまでには、5年以上を要するワインもあります。祖父や父の夢を実現したい——この夢や想いが、いい形で社会に貢献していくことを祈っています。

そして、わたしは甲州が日本の誇るブランドとなるまで、それぞれの知恵と技術を生かし、酒質の高いワインを造り続け、「こんなに美しい甲州、日本にあり」と胸を張って紹介し続けたい。**甲州の歴史は長いですが、日本ワインの歴史ははじまったばかり**です。日本ワインが世界中で認知されていくためには、これまで以上に険しい道のりが待っていることと思います。輝かしい賞を受賞した「キュヴェ三澤 明野甲州 2013」を造ったのは、もうずいぶんと過去の話になりました。

幼いころ、父がいちばん嬉しそうにしていたのは、詩人の故宗左近《そうさこん》氏、山岳作家の近藤信行氏と過ごすひとときでした。わたしも何度かご一緒させていただいたことがありますが、父が「知の塊のような方だ」とお二人のことを話していたことを思い出します。

父が、明野に三澤農場を拓いたとき、日照時間や標高だけに魅せられたのではない、と直感しました。三澤農場からは、南アルプス、八ヶ岳、茅ヶ岳、北アルプス、富士山を見渡すことができます。パノラマに広がる絶景に、南アルプスが見える場所を探して住処《すみか》とした、近藤先生のことが頭をよぎったのではないかと思うのです。

イギリスの経済学者F・アーンスト・シューマッハーに『スモール イズ ビューティフル』（邦訳／講談社学術文庫）という経済学に関するエッセイがあります。祖父の友人である小島慶三さんが翻訳された関係もあり、父の書斎で手に取りました。

世界中でグレイスワインが飲まれる日が来ても、わたしの暮らす場所は、山梨のブドウ畑。秋になれば、家族や仲間と一緒に、日本固有の甲州を仕込む。それが、わたしがここで生きる意味であり、**わたしの美学「スモール・イズ・ビューティフル」**です。

おわりに

ＪＲ勝沼ぶどう郷駅に降り立って眼下に見渡すブドウ畑は、実に見事な風景です。

秋になれば、ブドウの葉は紅葉し、いっそう素晴らしい。紅葉した葉の色はブドウ品種ごとに異なり、とりわけ甲州は深い赤みを帯びて紅葉するので、色合いから判断できる畑の区分がパッチワークのようにも見えて、目を見張るほど美しいのです。山梨は県土の80％が山地からなる盆地です。比較的低い湿度に恵まれ、それゆえに１０００年前のシルクロードから渡来した甲州が山梨県で長らえてきたともいえます。

この地に生まれ、家業のワイン醸造会社を継いで35年。ブドウの里に生まれたからには、地場のブドウにこだわったワイン造りに徹したい。そう強く思って、これまで全身全霊で打ち込んできました。

15年前、新たに拓いた三澤農場は、勝沼ぶどう郷駅から40キロ離れた県北麓に位置します。ブドウ畑は南に望む富士山をはじめ四方が山に囲まれた、いわば盆地山梨の縮図でもあります。東には「日本百名山」を命名した深田久弥の終焉の地・茅ヶ岳があり、その山麓は広大です。EUにも輸出している「グレイス茅ヶ岳・甲州」の重要な産地です。北には八ヶ岳があり冬の八ヶ岳颪《おろし》は、山容の如く冷たく厳しい。植え替えたばかりの若木となれば、凍害から守るためにブドウ樹に藁を巻きつけます。西に仰ぐ南アルプスには3000メートル級の山々が連なり、西から流れ込む低い雨雲を遮ります。この地の日照時間が日本一である所以です。標高700メートルにあり、夏には爽やかな南風が心地よい冷涼感をもたらします。根を生やし、動きの取れないブドウ樹たちも、冷涼さを喜んで受け入れています。

ブドウは、その土地の条件や気候によって特有の成分が育まれます。ワインの出来栄えは、このブドウ個性の良し悪しに左右される。そして栽培と醸造に関わる人が存在し、ワインにその土地独特の風味が醸し出されるのです。

冬の剪定を終え、陽光に映えての芽吹きを迎えるたびに、ブドウの季節がはじまる安心感と、秋の収穫に向けた期待感に包まれる。そんな人生は実に豊かであると感じます。

世界各地にある銘醸地では、必然的に良いブドウが生まれるかのように思われがちです。実際にはもともと恵まれた条件を備えていることに加え、そこに関わる人たちが数十年、数百年というスパンで連綿と努力を積み重ね、現在と未来を見据えたブドウ栽培をしてきた賜物であり、決して必然で生まれてきたのではありません。

デュニ・デュブルデュー教授が発した「どのワインがいちばん良いかと尋ねられたら、それは来年のワインである」のひと言は、ワイン造りに挑戦する者として、深く心に刻まれています。

これまでのわが社の軌跡を支えてくださった、入社年次が私より早いのを心の支えにしている酒井正弘顧問を筆頭とする社員の皆さんや、ともに悩みながらも喜びを分かち合ってきたワイン業界の方々、さらにはわが社のワイン造りに共感しブドウ栽培に手を貸してくれる、まさに縁の下の力持ちともいうべきグレイス栽培クラブの面々に心よりお礼を申し上げます。

ワインの業界外の友人たちからは、人生を充実させるための手ほどきを受けました。

ワインは商品としての存在価値が第一でしょうが、伝播する文化の側面をもち合わせています。こうした合目的性と不変性の間を彷徨《さまよ》いながらも、我々はワインの魅力に取り憑かれ、そして深く掘り下げようとしてきました。

直接にワインと絡まない世界も、造りの奥行を広げてくれました。１９７５年（昭和50年）からはじまる「良い食品づくりの会」の仲間たちです。伝統に基づき本物への希求を続け、いわば高い志が良質な食をもたらすと信じて励んでいる、職人気質を第一にした集団であり、食の「４条件」と「４原則」を掲げて、異業種でありながら互いに切磋琢磨してきました。その４条件のひとつである「ごまかしがない」企業姿勢は、今でこそ当たり前になりましたが、この合い言葉は、「挑戦・諦めない」姿勢を保持する原動力にもなりました。ＫＷＣの規約にも生かされています。

勝手ながら師と呼ばせていただきたいお二人からは、温かみのある視座を学び、多少なりとも見通しのきく視界を持てるようになった気がします。

詩人・宗左近氏は私に、縄文の世界観から秩序ある公平性の手ほどきをしてくれました。成田から立ち寄った市川のご自宅では、フクロウの姿をした縄文時代の小さな置物をいつも机にかざして、長旅の疲れを癒してくれました。遺品として戴いた勾玉《まがだま》と縄文土器が、今では常に私を身近で見守っています。

また、南アルプスの神々しさをこよなく愛し、南アルプスが最も美しく見えるからと、勝沼の山奥に居を構えられた山岳作家の近藤信行先生は、いつも崇高なる強靱な精神の美しさを漂わせていました。田部重治《たなべじゅうじ》や志賀重昂《しげたか》を通して、海外で日本を伝える際の私なりの答えとなる、「深緑」と「渓谷」の概念へと導いてくれたような気がして止みません。

こうして、ともに人生を歩んだ多くの方々からたくさんのことを学ばせていただき、感謝の言葉が見当たらないほどです。本当にありがとうございました。

また、わが社のワインラベルのみならず、総合的にデザインしてくださっているばかりか、本書の装幀まで申し出てくださったデザイナーの原研哉さん。私と彩奈の話を何時間も聞き、膨大な資料を読み込んでくださったライターの堀香織さんと編集者の柴田むつみさん。〝グレイスワインとともに三澤農場の挑戦の軌跡〟がこうして1冊の読み物として完成したのは、皆さんの多大なお力添えがあってこそです。

誰しもその人生は歴史の一齣《ひとこま》にあたるのでしょうが、記録を残さねば、とかく自身に都合のよい記憶がはびこる脆く寂しい習性から逃れられない現実を知りました。その意味合いからも本書の制作を通じて、生き抜いてきた真実に、多少なりとも立ち戻れたことも感謝に耐えません。

最後に、家事と家庭とをほぼ任せっぱなしにしてきた妻の礼子、そして100年に満たないわが社のわずかな歴史を拠りどころにして、日本の大自然が織りなすとてつもない課題に立ち向かうのであろうが、急峻な山道を登りはじめた娘の彩奈と息子の計史に、心からの感謝を込めて。

2018年7月

中央葡萄酒株式会社　代表取締役社長　三澤茂計

［著者］

三澤茂計（みさわ・しげかず）

中央葡萄酒株式会社代表取締役社長。1948年、山梨県甲州市出身。東京工業大学卒。大手商社勤務を経て、82年に中央葡萄酒株式会社入社、89年より現任。83年には国内初となる勝沼町原産地認証ワインの第1号を醸造。2009年に海外展開を目的とした「甲州オブジャパン（KOJ）」の設立に尽力し、「甲州」という品種や産地の認知向上に貢献してきた。2014年に主力銘柄「キュヴェ三澤」で、世界で最も権威があるといわれるワインコンクール「デキャンタ・ワールド・ワイン・アワード（DWWA）」金賞を日本で初めて受賞した。

三澤彩奈（みさわ・あやな）

中央葡萄酒株式会社取締役栽培醸造責任者。マレーシアのワインイベントを手伝った際、自社ワインを愛飲してくれていた外国人夫婦に感激し、ワイン造りの道へ。ボルドー大学卒業後は家業に戻り、シーズンオフには南アフリカ・オーストラリア・チリ等へ武者修行に出て新たな知見を吸収、ブドウ栽培や醸造を父・茂計とともに見直してきた。スパークリングワインやロゼワインなど新たな仕込みにも挑戦し、DWWAでは2014年以来、5年連続金賞を受賞するなか、2016年は欧州勢が上位を占めるスパークリング部門でも最高賞を受賞した。

［構成］

堀 香織（ほり・かおる）

ライター／編集者。石川県金沢市出身。武蔵野美術大学卒。雑誌『SWITCH』の編集者を経てフリーに。現在は『Forbes JAPAN』ほか、各媒体でインタビュー記事を中心に執筆中。単行本のブックライティングに、是枝裕和著『映画を撮りながら考えたこと』、横井謙太郎著・清水良輔監修『アトピーが治った。』、桂才賀著『もう一度、子供を叱れない大人たちへ』など。

［写真］

疋田千里：帯、口絵3頁目の4点、本文 54頁、59頁、155頁、224頁
関口尚志／パレード／アマナグループ：96頁
伊藤彰浩：221頁

中央葡萄酒提供：
口絵2、4頁目の8点
本文 3頁、8頁、14頁、37頁、38頁、53頁、62頁、91頁、111頁、122頁、142頁、145頁、151頁、163頁、166頁、171頁、181頁、186頁、189頁、197頁、198頁、205頁、213頁、218頁、221頁、229頁、237頁、238頁、242頁

日本のワインで奇跡を起こす
——山梨のブドウ「甲州」が世界の頂点をつかむまで

2018年7月11日　第1刷発行

著　者——三澤茂計・三澤彩奈
構　成——堀 香織
発行所——ダイヤモンド社
〒150-8409　東京都渋谷区神宮前6-12-17
http://www.diamond.co.jp/
電話／03·5778·7236（編集）　03·5778·7240（販売）
ブックデザイン—原 研哉＋中村晋平（日本デザインセンター）
図表————うちきば がんた（G体）
校正————平川裕子、聚珍社
ＤＴＰ———桜井 淳
製作進行——ダイヤモンド・グラフィック社
印刷————勇進印刷（本文）・加藤文明社（カバー）
製本————ブックアート
編集担当——柴田むつみ

ISBN 978-4-478-10083-7